TRO AR FYD

Tro ar Fyd

Ysgrifau ar Newid Hinsawdd a'r Amgylchedd

Duncan Brown

Argraffiad cyntaf: 2020

Cyhoeddir gan Wasg Carreg Gwalch,
12 Iard yr Orsaf, Llanrwst, Conwy, LL26 0EH.
Ffôn: 01492 642031
e-bost: llyfrau@carreg-gwalch.cymru
lle ar y we: www.carreg-gwalch.cymru

Rhif rhyngwladol: 978-1-84527-778-9

CYNGOR LLYFRAU CYMRU

Mae'r cyhoeddwr yn cydnabod cefnogaeth ariannol
Cyngor Llyfrau Cymru

Cynllun clawr: Eleri Owen
Darluniau clawr: Richard Outram

Cynnwys

Rhagair

Yn ein byd tywyll, cythryblus, mae pelydrau o olau a gobaith, er yn brin, yn angenrheidiol. Yn fy marn i, yn ei ymroddiad a'i gyfraniadau lu mae Duncan yn cynnig y rhain i ni. Yn naturiaethwr gofalus a dygn, yn amgylcheddwr penderfynol ac ymroddgar, yn ieithgi dawnus, yn newyddiadurwr, yn olygydd ac yn llenor, yn ffotograffydd gyda llygad artist ac yn Gymro cadarn o dras Seisnig, mae'n adlewyrchu gobaith.

Croeso mawr felly i'r gyfrol hon sy'n cynnig detholiad o'i erthyglau yn *Y Cymro* gynt. Nid bod yr erthyglau yn y gyfrol newydd hon, o anghenraid, yn optimistaidd; yn aml i'r gwrthwyneb. Mae'r problemau dwys o golli bioamrywiaeth, cynhesu byd eang oherwydd y nwyon tŷ gwydr a rhyddheir gan ddynoliaeth (yn arbennig y rhai da eu byd), y bygythiadau i'n hiaith a'n diwylliant a cholli cof-gwlad, ynghyd ag annhegwch dybryd ein cyfundrefnau economaidd a chymdeithasol, yn amlwg yn yr erthyglau. Ond credaf yn gryf nad oes modd deall na datrys ein problemau heb eu hwynebu'n onest. Yn hyn, gwelir yn y casgliad hwn nid yn unig groestoriad o ddiddordebau Duncan, ond hefyd cyfraniad i drafodaethau o bwys mawr.

Felly croesawaf ei gyfrol fywiog ac amlochrog. Gobeithio yn fawr y bydd nid yn unig yn difyrru ei darllenwyr, ond hefyd yn ysbrydoli mwy o bobl Cymru i feddwl, i ymateb ac i weithredu i warchod ein hetifeddiaeth fywydegol a chymdeithasol / ddiwylliannol.

Syniad campus oedd ychwanegu sylwadau yn 2020 i'r pynciau a drafodwyd yn yr erthyglau gwreiddiol yn *Y Cymro*, yn aml dros ddegawd yn ôl. Cyfle felly i fesur a yw ein hymdrechion i ymateb i'r sialensiau gwreiddiol yn ddigonol ai peidio.

Mae cyflwr ein byd yn fy atgoffa o'r sefyllfa yn nofel enwog Albert Camus, *Y Pla*. Mae hyn yn hollol amlwg parthed bygythiadau Cofid 19 a'r Clo Mawr. Ond mae hefyd yn berthnasol i gynaladwyedd y byd naturiol a'n cymunedau a'n diwylliant. Yn *Y Pla* mae Dr Rieux yn parhau i weithio ac i ymdrechu i leddfu poenau ei gymuned gaeth, heb ddisgwyl clod nac, o anghenraid, lwyddiant mawr. Mae ymroddiad Duncan yn dysgu gwersi nid annhebyg i ni. Yn ei fywyd mae wedi cyfrannu'n helaeth at ein dealltwriaeth a'n gwerthfawrogiad o fyd natur (gweler, er enghraifft, fwletinau Llên Natur) a'n hymwybyddiaeth o'n treftadaeth gyfoethog. Mae'n parhau i weithio'n ddiwyd, a hynny gyda gwên. Esiampl dda.

Dymunaf bob llwyddiant i'r gyfrol sy'n troedio hen ffyrdd gyda cham ysgafn, newydd.

Yr Athro Gareth Wyn Jones
Hydref 2020

Cyflwyniad

Robin Gwyndaf awgrymodd dro yn ôl y dylwn gasglu'r ysgrifau hyn at ei gilydd a'u cynnig ar gyfer eu cyhoeddi. Dyma geisio ymateb i sialens Robin o'r diwedd, ac mi fwynheais ailymweld â hwy a dewis a dethol y rhai ... wel, ia. Pa rai?

Rhwng 2006 a 2015 bu'n fraint, ac yn her yr un pryd, i gael y cyfle i draethu ar thema amgylcheddol yn *Y Cymro* bob mis – 'amgylcheddol' wedi ei ddiffinio'n dra llac, mae'n rhaid dweud – a'i gyflwyno, gobeithio, mewn ffordd afaelgar a gwreiddiol. Gewch chithau benderfynu a lwyddais ai peidio.

Ar gyfer y gyfrol hon bu'n rhaid dewis eto, y tro hwn rhwng y rhai rydw i'n teimlo fwyaf balch ohonyn nhw, ond hefyd y rhai y mae'r neges yn amserol o hyd, a gwell fyth, yn dal i ddatblygu. I'r perwyl olaf roedd Gwasg Carreg Gwalch yn awyddus i mi ychwanegu sylwebaeth ddiweddar ar yr ysgrifau lle bo'n briodol, yn enwedig i'r to ifanc sydd efallai yn llai cyfarwydd â rhai o'r termau a chysyniadau yr ymdrinnir â hwy. Y gofyniad hwn roes yr ysgogiad i mi gyflawni'r gwaith yn siriol a chyda brwdfrydedd. Dydw i ddim y gorau am drin prydau eildwym, ond mater arall yw ail-greu ac ailddehongli i gyd-destun neu syniadaeth newydd. Dyna, yn wir, yw fy niléit, sef gwedd arall ar y thema 'tro ar fyd'.

Buan iawn y sylweddolais fod sawl llinyn arian yn rhedeg trwy'r deunydd. Yn bennaf, Newid Hinsawdd (sydd erbyn hyn yn air llednais ar ffenomen lawer mwy brawychus nag y mae'r ymadrodd hwnnw yn ei gyfleu). Bûm hefyd yn ceisio cyfleu yn yr amryw ysgrifau hanesyddol, orau y medrwn, y realiti o fyw bywyd mewn oes arall dan drefn arall, gan gysylltu'r bywyd hwnnw â'r amgylchiadau ecolegol yr oeddem – ac yr ydym, gymaint ag erioed – ynghlwm wrthynt. Y cysylltiad rhwng haneswyr ac ecolegwyr – materion Dynol a materion Daear – yw un o'r pontydd pwysicaf a mwyaf heriol (yn enwedig i'r haneswyr) i'w codi, a hynny ar frys.

Rydw i hefyd wedi dewis erthyglau sy'n trin tueddiadau a phatrymau sy'n amlwg i rai sydd wedi arfer trin data, a cheisio amlygu eu harwyddocâd i'n bywydau yn y tymor hir. Dydi tueddiadau a phatrymau, yn gam neu'n gymwys, ddim yn rhedeg yn naturiol drwy ein gwythiennau. Pwy sy'n gweld Hinsawdd (er enghraifft) pan fo'r Tywydd i'w weld gymaint yn haws drwy ffenestr y gegin. Felly hefyd lawer o ffenomenau cyffredin byd natur o'n cwmpas – onid yw ein synnwyr cyffredin yn profi'n gynyddol annigonol i esbonio'r byd o'n cwmpas?

Diolch am barodrwydd *Y Cymro* (gwreiddiol) ac i Wasg Carreg Gwalch am gadw'r ffydd yn eu gwahanol ffyrdd fod un neu ddau o'm negeseuon yn werth eu rhoi ar gof a chadw. Yr wyf yn hollol grediniol fod llawer o'r themâu o'r pwys mwyaf i ni i gyd. Fy ngobaith yw y byddwch chi, ddarllenwyr y gyfrol hon, yn gallu cytuno â mi.

Duncan Brown
Hydref 2020

Diwylliant y werin – diwylliant pwy?

24 *Gorffennaf* 2009

Bob tro mae mam yn canu hwiangerdd i'w phlentyn, bob tro yr ailadroddir chwedl neu ddihareb, bob tro y dethlir Gŵyl Mabsant gyda chân neu ddawns, bob tro mae dau blentyn yn chwarae concyrs, bob tro mae mam yn dangos i'w phlentyn sut i wneud tarten afal neu frodio cwrlid, bob tro mae ffarmwr yn darogan y tywydd – bob tro mae'r pethau hyn yn digwydd, onid ydym yn eu hadnabod yn ddiamwys fel rhyw fath ar Lên Gwerin?

Byth ers i ni ddechrau gweithio ar Brosiect Llên Natur, ni fûm yn hollol siŵr ai prosiect Llên Gwerin ydoedd o gwbl. Wrth gwrs bod elfennau o Lên Gwerin yn perthyn iddo, ond cefais fy mhrocio i ystyried hyn ymhellach ar ôl i gyfaill o arbenigwr yn y maes fod yn ddigon caredig yn ddiweddar i anfon i mi ei gasgliad o ddiffiniadau o Ddiwylliant Gwerin. Talfyriad o un o'r rhain yw'r uchod.

Mae 'llên' yn awgrymu llenyddiaeth, ond nid oes raid i Lên Gwerin gael ei hysgrifennu o gwbl – efallai mai'r gwir lên gwerin yw honno sy'n bodoli ac yn parhau mewn diwylliant llafar yn unig. (Mae'r gair Saesneg *lore* / *folk-lore*, yn perthyn yn agos i *learn* a'r syniad o ddysgeidiaeth.) Dyna yn ôl un diffiniad yw'r *unig* lên gwerin.

Gwybodaeth boblogaidd yw Llên Gwerin, meddai diffiniad arall, er mwyn ei wahaniaethu oddi wrth wybodaeth 'wyddonol'. Ond pwy sydd i ddweud nad oes elfennau gwyddonol ynghlwm wrth hen feddyginiaethau neu broffwydoliaethau tywydd 'gwerinol'?

Ydi casglu cofnodion tywydd yn eich gardd yn wybodaeth boblogaidd? Ydi *The News of the World*, sy'n pedlera gwybodaeth boblogaidd hyd syrffed, yn Llên Gwerin? Ydi pobl dosbarth canol cyfforddus eu byd o dras werinol yn 'werin'? ... Mae llawer yn meddwl eu bod nhw.

Mae'r diffiniadau yn aml yn canolbwyntio ar ganlyniadau proses yn hytrach nag ar y broses ei hun. Mae'r maes yn rhy fawr i'w draddodi mewn 500 o eiriau, hyd yn oed petawn wedi ei feistroli fy hun. Ond mi wn fod yn rhaid i ddiffiniad, i fod ag unrhyw werth iddo, hepgor cymaint ag y mae'n ei gynnwys. Priodol i ni ofyn, felly, beth sydd *ddim* yn 'Ddiwylliant Gwerin'. Data rhifol personol fel rhai'r fydwraig Mair Madog (gweler tud 169) yn mesur a chroniclo amseriad genedigaethau yn Cheadle? Mae'r ffin yn annelwig iawn.

Beth am adroddiad newyddion yn disgrifio effeithiau corwynt dinistriol? Neu gofnod am wyliau ar gefn cerdyn post? Recordiad 'hanes llafar'? Llun wedi ei dynnu â chamera digidol? Mae'r llun o fam wennol yn bwydo ei chyw 'ar lein' gan Ifor Williams (isod) yn weledigaeth un person, mewn un lle, ar un foment, sydd ag elfen oesol all gyffroi ac ysgogi eraill.

Gwennol yn bwydo ei chyw gan Ifor Williams, 27 Mehefin 2009 – gweledigaeth un person, mewn un lle, ar un foment.

Mi wn beth fyddwn innau yn ei hepgor o'm diffiniad o 'Ddiwylliant Gwerin', sef 'Diwylliant Poblogaidd'. Perthynas rhwng cynhyrchwr a phrynwr yw Diwylliant Poblogaidd, y naill yn weithredol a'r ail yn oddefol. Hanfod Llên Gwerin yw'r ymgais i esbonio'r byd o'n cwmpas i ni ein hunain, a'i rannu â chymdogion o anian debyg, beth bynnag y cyfrwng yr ydym yn ei ddewis, beth bynnag ein hoes, ein hil, iaith, oedran neu ddosbarth.

Gyda thrai graddol ym mhoblogrwydd rhaglenni teledu traddodiadol, cynnydd yng ngrym y ffôn symudol, twf y cyfryngau cymdeithasol (a theithi iaith, gyda llaw, yn newid yn gymesur â'r twf hwnnw), hwyrach bod y ffin rhwng y gwerinol a'r poblogaidd yn cymylu. Wrth gwrs bod Prosiect Llên Natur yn Llên Gwerin – taniwch y cyfrifiadur i chi weld sut.

2020

Roedd (y diweddar erbyn hyn) Mair Madog wedi casglu'r amseroedd am eni'r babis y bu hi ynglŷn â nhw nid er mwyn rhyw wyntylliad gwyddonol ond o ddiddordeb personol, mae'n debyg. Ond o'u gosod fel siart fe gawn werthfawrogiad ffres iawn o'n cloc biolegol ar waith. Na, chafodd pob un ohonom mo'n geni am dri'r bore, ond ar gyfartaledd mae data Mair yn dangos i ni ddod i'r byd po agosaf i'r orig hudol hon (ia, dyma'r *Witching Hour* o enwog goffadwriaeth) y mae ein clociau mewnol hir-sefydledig yn ei orchymyn. Ydi, mae'r cwmwl sy'n gwahanu Llên Gwerin a gwyddoniaeth yn ddifyr a dyrys!

Beth yw Prosiect Llên Natur?

Tyfu i fodolaeth, nid cael ei eni, a wnaeth Prosiect Llên Natur. Cychwynnodd dros y deugain mlynedd diwethaf fel ymateb rhai aelodau Cymdeithas Edward Llwyd (Cymdeithas Naturiaethwyr Cymru) i'r gagendor a deimlwyd yn y Gymdeithas ar ôl colli ein sylfaenydd Dafydd Dafis a'r elfen o 'naturiaetha' oedd mor waelodol iddi o dan ei arweinyddiaeth. Ond roedd yna ymwybyddiaeth hefyd bod y Cymry yn gweld eu hamgylchedd trwy brism tra gwahanol i'r hyn a arferid dros y Ffin. Teimlid na fyddai Natur fel disgyblaeth fyth yn cydio'n iawn oni ddangosid hi trwy iaith, cymdeithas, hanes, diwylliant a llên yn ogystal â gwyddoniaeth. A dyna fu.

Ymdrechion ar ddau ffrynt oedd y prosiect gwreiddiol, sef casgliadau o ysgrifau papur wedi eu hysgrifennu ar y cyd dan fantell enw gwreiddiol y prosiect, Llên y Llysiau, a'r rhestrau o enwau Cymraeg ar grwpiau o anifeiliaid asgwrn cefn yn yr enwog 'gyfrol binc'. Datblygodd y rhain yn raddol i bum cyfrol o enwau (hyd y diweddaraf, *Ffyngau*, gweler tud. 66). Wrth i'r dechnoleg electronig dreiddio i bob rhan o'n bywydau, esblygodd y prosiect i sawl 'platfform' gwefannol i hwyluso'r llif o wybodaeth am yr amgylchedd oddi wrth a rhwng y defnyddwyr. Gwefan yn unig oedd hi'n wreiddiol wedi ei datblygu yn fewnol (ddo' i byth i ben os ceisiaf gydnabod yr unigolion sydd wedi cyfrannu i lwyddiant y Prosiect). Rydym bellach wedi ailsefydlu'r wefan fel archif grynhoadol o wybodaeth (115,000 o gofnodion dyddiol yn mynd yn ôl bedair canrif a mwy yn Y Tywyddiadur; 20,000 o'r bron o enwau Cymraeg ar rywogaethau dros Gymru, Prydain a'r byd yn Y Bywiadur; casgliad anhygoel o ffotograffau defnyddwyr o fywyd a gwaith yn Yr Oriel, i enwi ond tair o adrannau'r wefan www.llennatur.cymru).

Ond y datblygiad sydd wedi mynd â'r ymhél â'r amgylchedd yn Gymraeg gan bobl o bob math i lefel y tu hwnt i bob disgwyliad yw Grŵp Facebook **Cymuned Llên Natur**. Yma mae ymhell dros 3,400 o aelodau (ac mae'r nifer yn dal i chwyddo!) yn rhannu eu sylwadau a'u lluniau o ddydd i ddydd. Y pwrpas yw rhyfeddu, dathlu, trafod (yn fonheddig bob amser) ond yn fwyaf oll, i roi profiadau unigryw pob unigolyn, o bob un dydd unigryw sy'n gwawrio ar y ddaear hon, ar gof a chadw.

'Hiliaeth' dda a hiliaeth ddrwg

2015

Mae egwyddor sylfaenol ym maes cadwraeth i'r perwyl y dylid rhoi'r sylw pennaf, a'r arian mwyaf, i greaduriaid a phlanhigion sy'n gynhenid i un wlad arbennig yn unig. Dywedir bod rhywogaethau o'r math yn 'endemig' i wlad. Pe byddai'r dodo yn fyw heddiw byddai'n cael sylw ac arian mawr am nad yw – am nad *oedd* – yn byw yn naturiol yn unman arall yn y byd y tu allan i Mawrisiws. Bu colli rhywogaeth endemig o'r math yn golled nid yn unig i'r wlad ond i Wyddoniaeth ac i'r byd cyfan.

Nid am yr un rhesymau y mae nythod gweilch y pysgod yn cael cymaint o sylw yng Nghymru. Twristiaeth a chynyddu aelodaeth cymdeithasau cadwraeth sydd i gyfrif am y sylw a roddir iddynt hwy. Mae'r cymdeithasau hyn yn gwybod yn iawn mai gweilch y pysgod yw adar ysglyfaethus mwyaf poblog y byd, yn endemig yn unman, ac er gwaethaf eu prinder yng Nghymru, fyddai peidio â'u gwarchod yma yn gwneud dim oll o wahaniaeth i'w poblogaeth na'u dyfodol ar lefel fyd-eang. Ond byddai'n gwneud gwahaniaeth mawr i goffrau'r rhai sy'n eu gwarchod! Does neb yn gwarafun hynny iddynt ond *mae'r* cymhelliad yn wahanol.

Ar lefel Ewrop, ystyrir y wiwer lwyd yn 'estron-beth', yn un sy'n bridio'n afreolus, yn ymledu'n ddidramgwydd, yn difa cywion adar mân cyfarwydd, yn heintio gwiwerod cochion annwyl (a chynhenid), ac yn bygwth dyfodol coed cyll trwy reibio eu cnau cyn iddyn nhw gael cyfle i aeddfedu. Dydi hi ddim gwell na llygoden fawr y coed, medden nhw. Gwir bob gair (bron), ond sylwch ar yr

Gwiwer goch, Nant y Pandy, Llangefni.
Llun: Alun Williams

ieithwedd: 'estron', 'bridio', rheibio', 'bygwth' ac yn y blaen. Ac ydi galw gwiwer yn fath ar lygoden fawr yn eich atgoffa o unrhyw beth – galw caethweision yn anifeiliaid, efallai? Onid iaith yr hilgi ydi hon?

Mae rhai cadwraethwyr mor anghysurus gyda'r ieithwedd nes iddynt ymwrthod â hi yn gyfan gwbl, ac am a wn i, ymwrthod â'r egwyddor sylfaenol sy'n cael ei ymgorffori ganddi, sef pwysigrwydd y pethau cynhenid o'u cymharu â'r pethau 'dŵad'.

Nid oes yr un rhywogaeth sy'n endemig i Gymru. Y nesaf peth i rywogaeth o'r math yw'r coed cerddin sy'n tyfu ar y calchfaen yn ardal Merthyr Tudful, sef *Sorbus leyana*, cerddinen y Darren Fach.

Ond ffurf leol yw hon yn hytrach na rhywogaeth lawn. Oes gennym felly unrhyw beth sy'n arbennig i Gymru yn unig? A dyma lle dwi am gamu i ddyfroedd dyfnion iawn.

Ymledwn rwyd Cadwraeth i gynnwys treftadaeth gyfan, a gallwn ddweud bod yr iaith Gymraeg yn endemig i Gymru. Dyna fi, dwi wedi dweud yr i-wŷrd! Ar dir Cymru y cafodd y Gymraeg ei chodi, ac mae pob afon a llyn, pob pant a chopa yn rhan o'i gwead hi, on'd ydynt? Nid y Gymraeg fyddai ein hiaith mwyach o'i symud i ffwrdd o'r famwlad i dir estron, nage?

Roeddwn mewn seminar yn ddiweddar yn trafod y Gymraeg a'r Amgylchedd, a dyma fentro'n ddiniwed i awgrymu'r syniad hwn i'm cyd-gynadleddwyr: sef bod iaith endemig yn haeddu mwy o adnoddau yn ei gwlad ei hun nag ieithoedd sydd, am wahanol resymau, wedi cael eu 'plannu' yno o wledydd eraill. Mi fuasai brechdan llygoden fawr wedi cael gwell croeso!

Cerddinen y Darren Fach.

Mae dilyn rhesymeg yn eich pen yn un peth; mae arddel y rhesymeg honno o flaen y byd yn rhywbeth gwahanol. Dwi'n clywed bytheiod Cymry Patagonia yn udo am fy ngwaed yn barod, cyn i mi feiddio awgrymu mai llwyth y Tehuelche sy'n gynhenid i ardal Chubut, ac mai pobl ddŵad yw'r Cymry yno.

Ond O! helpwch fi rywun ... yn ôl Wikipedia, ryw dro yn ei hanes disodlwyd iaith wreiddiol y Tehuelche gan iaith y llwyth drws nesa ar ôl gwladychiad y Wladfa! Efallai mai'r 'trechaf treisied' yw hi wedi'r cwbl ... nes i mi gael y rhesymeg yn iawn.

2020

Bum mlynedd yn ddiweddarach dydw i fawr pellach ymlaen gyda chysoni'r tensiwn hwn. Ond clywais yn ddiweddar Athro prifysgol ym maes ecoleg yn cyffelybu ein cyfrifoldeb at y byd naturiol gyda phrosesau yn y byd dynol. I dorri stori hir yn fyr, fe gymharodd hi'r prosiect o amddiffyn amrywiaeth bywyd gwyllt mewn ardal gyda'r hyn a alwodd hi y *shopping mall* (sef swm y siopau mewn tref i bob pwrpas). Rydyn ni i gyd yn gyfarwydd â'r hyn sy'n digwydd yn ein trefi: y siopau bach lleol yn cael eu tanseilio gan y siopau cadwyn rhyngwladol, anferth. Felly hefyd, meddai'r Athro, fioamrywiaeth ein hardaloedd lleol. Ar y cyfan mae'r nifer o rywogaethau yn dal eu tir yn o lew, ond mae'r rhywogaethau lleol 'amheuthun' yn diflannu a 'chwyn', neu fathau newydd estron yn cymryd eu lle, a hynny ar raddfa gynyddol. Mae'n debyg bod yr Athro wedi llwyddo i gyfleu'r union syniad sydd yn fy mhoeni ond gan osgoi, yn ddeheuig iawn, y bagej gwleidyddol sydd ynghlwm wrtho.

Hanes gwiwerod cochion Cymru

Pam wnaeth y wiwer goch brinhau yng Nghymru? Mae'r ateb erbyn hyn yn glasurol. Bu'n ffasiwn ganrif a hanner yn ôl i gyflwyno pob math o anifeiliaid o wledydd pell (gwledydd dan ddylanwad Ymerodraeth Prydain yn aml iawn). Ddiwedd Oes Fictoria gwelodd rhywrai yn dda i gyflwyno'r wiwer lwyd o'r Unol Daleithiau i dde Lloegr – am ddim rheswm gwell nag am ei bod hi'n bosib! Yn nechrau'r 20fed ganrif roedd y wiwer lwyd estron yn fwy cystadleuol na'r wiwer goch gynhenid yn y coed collddail oedd yn y mwyafrif yno ar y pryd, ac fe ymledodd yn gyflym i'r gogledd ac i Gymru yn y gorllewin. Cafodd y goch rywfaint o encil yn y coed conwydd wrth i'r rheiny gael eu plannu'n fasnachol ymhobman yn ail hanner y ganrif, yn enwedig ar ynysoedd megis Môn lle na chafodd y lwyd droedle iawn hyd hynny. Erbyn y ganrif hon canolbwyntiodd cadwraethwyr ar roi mwy o chwarae teg i'r wiwer goch ar rai ynysoedd o'r fath, a thrwy raglen o ddifa'r llwyd yn ddidrugaredd dros gyfnod, lle bynnag ar yr ynys yr ymddangosodd, llwyddodd y goch i adfer ei phoblogaeth bron i'w chyflwr gwreiddiol. Llwyddiant cadwriaethol oedd hyn ond ar gostau mawr, i gyd oherwydd anwybodaeth a gwerthoedd gwahanol y rhai a'i cyflwynodd ganrif ynghynt.

Y *syniad peryclaf a gafodd dyn meidrol erioed*

25 *Gorffennaf* 2008

Union ganrif a hanner yn ôl gorweddai Cymro o Lanbadog ger Brynbuga, Sir Fynwy, yn glaf rhywle ym Malaia. Byddai dyn llai, yn ei segurdod, wedi troi ei feddwl at arian neu ferched. Ond nid oedd Alfred Russell Wallace yn ddyn llai, ac mi drodd ei feddwl at geisio ateb y cwestiwn oedd yn cyffroi deallusion ei oes, sef 'beth yw hanfod rhywogaethau?' Ei brofiad yn fiolegydd oedd sail ei syniadau, ac yn ei ddiniweidrwydd, penderfynodd anfon gair amdanynt at Charles Darwin a oedd eisoes yn enwog am ei ddiddordeb yn y cyfryw bethau.

Cafodd Darwin ei daro yn ei dalcen gan lythyr Wallace. Roedd y llythyr yn crisialu'n union y syniadau yr oedd Darwin eisoes yn eu cadw dan lestr, syniadau sydd hyd heddiw yn sail i'n dealltwriaeth ni o'r byd byw, sef Theori Detholiad Naturiol a Tharddiad Rhywogaethau. Roedd y ddamcaniaeth hon yn tanseilio'n llwyr y credoau Cristnogol ffwndamentalaidd am y greadigaeth a oedd yn gyfredol ar y pryd, ac sy'n tramgwyddo'r rhai sy'n credu yng ngeirwirder y Beibl o hyd.

Alfred Russell Wallace: yr eilun a ddaeth yn ail i Darwin

Er ei fod yn un a goleddai ddaliadau lled-radical y Whigiaid, roedd teulu Darwin yn aelod o'r elît ceidwadol yn Lloegr, elît nad ar chwarae bach y byddid yn herio ei chredoau crefyddol dyfnion. Yn wir, roedd y credoau hyn mor ddwfn yn Darwin ei hun fel nad oedd yntau chwaith yn orawyddus i gredu'r Theori. Bu'n casglu tystiolaeth ar draws y byd ers blynyddoedd, tystiolaeth a'i harweiniodd, er ei waethaf, i'r un casgliad yn union ag a ddaeth i ran Wallace yn ei wely cystudd pellennig.

Roedd Darwin wedi eistedd ar ei syniadau trwy ofn llid (neu waeth, gwawd) ei ddosbarth. Ond fel y radical beiddgar ag yr oedd, nid oedd gan Wallace yr un safle i'w amddiffyn. Mwy na hynny, pan dderbyniodd lythyr Wallace roedd Darwin mewn galar am farwolaeth ei ferch ac nid oedd mewn unrhyw gyflwr i herio neb. Ond wedi derbyn y llythyr, herio a wnaeth – mi gyhoeddodd y Theori.

Does wybod am ba hyd y byddai Darwin wedi cadw ei syniadau rhag y byd – am byth, efallai – ond roedd llythyr Wallace yn ddigon i'w dynnu at ei goed a sylweddoli y gallai rhywun arall gael y clod (os oedd clod i'w gael) am gyhoeddi'r syniad mwyaf beiddgar, mwyaf radical, a pheryclaf a gafodd dyn erioed.

Er i Wallace goleddu rhai syniadau Ysbrydegol (*Spiritualist*) a oedd yn ddigon amheus nid yn unig i'w gyfoeswyr ond i ninnau hefyd, nid rhyw ramantydd pen gwlanog ydoedd. Fo ddatblygodd y cysyniad sy'n gyfarwydd i naturiaethwyr heddiw, fod rhai pryfed yn defnyddio lliwiau llachar i rybuddio gelynion mai llond ceg o wenwyn a gânt o fentro'u bwyta.

Cydnabyddir Wallace fel Tad Bioddaearyddiaeth hefyd am mai fo oedd y cyntaf i sylweddoli'r gwahaniaeth sylfaenol rhwng ffawna Awstralia gyda'i farswpialod unigryw, ac anifeiliaid cyfandir Asia cyfagos. Enw'r wahanfa hon, sy'n rhedeg trwy Ynysfor Malaia, yw Llinell Wallace.

Teigr yr ardd: un o bryfed lliwgar y mae Wallace yn enwog am esbonio 'paham?'

Gweledigaethau oedd y rhain a fyddai'n arwain yn naturiol resymegol at y Weledigaeth Fawr y cofir Darwin amdani fwyaf erbyn hyn. Mae'n debyg bod amser yn dod mewn hanes, ac mewn cymdeithas fentrus a hyderus fel y Brydain Fictoraidd, pan fydd ymddangosiad meddylwyr fel Wallace a Darwin yn anochel, er gwaetha'r boen o gydnabod yr amlwg arswydus. Nid Darwin na Wallace gafodd y Weledigaeth Fawr: y Weledigaeth gafodd hyd iddyn nhw.

2020

Rydym wedi hen arfer â'r syniad bod anifeiliaid yn defnyddio cuddliw i guddio rhag eu gelynion. Ond sut mae anifeiliaid mwy lliwgar yn amddiffyn eu hunain? Mewn gair: gwenwyn. Wrth dynnu sylw atyn nhw eu hunain, fel y gwna teigr yr ardd, maen nhw fel petaent yn gwahodd yr aderyn i'w bwyta. Mae'r aderyn yn cael ei 'gosbi' gyda dogn o flas drwg a buan iawn y bydd yn dysgu nad y syniad gorau yw bwyta pryf efo lliwiau o'r fath. Mae'n rhaid i'r gwyfyn unigol gael ei aberthu i roi'r fantais i'w hil trwy'r broses a adnabyddir yn Ddetholiad Naturiol. Wallace, o Frynbuga, oedd y cyntaf i ddisgrifio'r ffenomen hon.

'Argyfwng' Eyjafjallajökull a 'hin-gollfarnu'

Mai 2010

Cyrhaeddodd Y Llwch ar 16 Ebrill, ac yn raddol fe aeth. Ac ar ôl yr holl drafferth a thrafod, beth arall sydd i'w ddweud?

Mae 'na *un* peth arall – yr eliffant yng ngwaelod yr ardd – sef Newid Hinsawdd. Tua phum mlynedd yn ôl penderfynais mai fy nghyfraniad bach innau i argyfwng yr hinsawdd fyddai i mi beidio byth eto â defnyddio awyren i deithio ar wyliau. Tybiais, ac mi dybiaf o hyd, mai hedfan sy'n cynhyrchu'r ddogn fwyaf o nwyon dinistriol i'r atmosffer mewn byr o amser y gall un unigolyn ei greu.

Yn sgil Y Llwch mae'n rhaid i mi gyfaddef i mi deimlo peth hunangyfiawnder wrth i deithwyr y Pasg orfod dioddef ychydig o'r anghyfleustra y bydden nhw wedi llwyddo i'w osgoi petaen nhw ond wedi dilyn fy esiampl i! Peth braf ydi hunangyfiawnder.

Ond hold-on, Defi John – doedd 'na *'run* awyren yn hedfan, dim hyd yn oed awyrennau cludo ffrwythau a llysiau trofannol iachus sydd, wrth imi ysgrifennu hyn o lith, yn pydru mewn warysau pellennig ... nid mangos a ffrwythau ciwi egsotig yn unig, ond ffa, tatws, a'r amryw byd o lysiau y buom ar un adeg yn eu tyfu yng ngwaelod yr ardd (heb yr 'eliffant' yr adeg honno!). Cafodd Defi John ail!

Eyjafjallajökull

A dyma glywed ar y radio eitem am faint o ddŵr sydd ei angen i gynhyrchu peint o gwrw (can peint os clywais yn iawn) neu fagiad o datws o'r Aifft, neu gwdyn o ffa o Kenya, neu rownd o golff ar un o gyrsiau gwyrddion de Sbaen. Yn fy hunangyfiawnder hunandwyllodrus, wrth brynu ffrwythau o wledydd pell rwyf yn prysur amddifadu pobl y gwledydd poeth nid yn unig o'u tamaid prin, ond eu dŵr prinnach, heb fynd gam o'r tŷ!

Dyma gofnod a dderbyniwyd gan Ddyddiadur Llên Natur tua chanol y mis;

> '.... heddwch perffaith yr awyr heddiw a dim golwg o unrhyw linellau gwynion (*contrails*) yn yr entrychion a dim sôn drwy'r dydd am y jets bach plagus yna o'r Fali sy'n chwyrlïo i fyny Dyffryn Maentwrog byth a beunydd.'

Wedyn, o Ruthun, cafwyd;

> 'Dim olion awyrennau i'w gweld yn yr awyr uwchben Rhuthun gan fod llosgfynydd Eyjafjallajökull yn dal i ffrwydro.'

Braf gweld enw'r mynydd.

Cydymdeimlais â'r wlad fechan a fu gymaint dan lach Goleiathau y gwledydd i'r deau ohoni ers cwymp y banciau ('*we said CASH not ASH*'), a chulni ein cyfryngau ni na wnaeth yr un ymdrech i ynganu enw'r mynydd gyda'r '*unpronouncable name*'. (Os oes un peth sy'n adnabyddus am Gymru ar draws y byd, peth sydd yn gwbl ffug, artiffisial a diweddar, enwogrwydd sy'n dwyn anfri arnom, enw'r pentre bach ym Môn sy'n gorffen efo 'gogogoch' yw hwnnw.) Nis gwn innau chwaith sut i ynganu Eyjafjallajökull, ond mae gennyf yr hawl i ddisgwyl i wasanaeth newyddion y BBC fy ngoleuo, heb na gorchest na gwawd.

2020

Mi ddaeth yn amlwg wrth i mi geisio llenwi fy amser yn ddefnyddiol yn ystod Caethiwo Mawr Cofid 19 fy mod ymhellach o fod yn ddi-fai o ran fy ôl troed carbon personol nag oeddwn yn ei feddwl. Penderfynais lawrlwytho un o'r apiau rhyfeddol sy'n busnesa ar y teithio sy'n digwydd ar y môr ac yn yr awyr. FlightRadar oedd ei enw, ac roedd y gallu ganddo i fodloni fy chwilfrydedd ynglŷn ag un neu ddwy o awyrennau a adawodd eu hôl uwchben Waunfawr yn anterth y Cau. Ar ei ffordd o Indianapolis i Lundain oedd un, gyda logo FedEx ar ei hochr. Pethau, nid pobl, felly, oedd ar ei bwrdd. Oedd hi'n cario rhyw barsel i mi, deudwch? Go brin yn yr achos hwnnw, ond gallasai'n hawdd fod. Ôl-troed heb fynd o'r tŷ!

Mae'r ap llongau cyffelyb, gyda llaw, yn dweud llawer mwy am berchen y llong, ei phwysau, a natur y cargo (neu mi oedd pan rois gynnig ar ei ddefnyddio ychydig flynyddoedd yn ôl). Un rhyfeddod cyfnod y Cofid oedd cwymp mawr ym mhris petrol, a syrffed o olew dros y byd fel canlyniad. Ac mi lenwais fy nhanc fel pob un 'call' arall dan ddiolch! Roedd llongau olew – 'storfeydd' olew erbyn hynny – yn ciwio ym Mae Lerpwl i wagio, ond, meddan nhw i mi, nid tan y byddai'r pris wedi codi yn ei ôl!

Cyffyrddodd yr erthygl hon agwedd hyll sydd wedi amlygu ei hun lawer mwy dros y blynyddoedd diwethaf, sef yr hyn a elwir yn 'hin-gollfarnu' (*climate scapegoating*). Dull o ymesgusodi rhag cyfrifoldeb am orboethi'r hinsawdd yw hwn trwy bwyntio bys at eraill, at yr 'arall' sy'n cael ei weld gymaint yn fwy rhagrithiol na ni, boed yn unigolion neu'n wledydd. Dyna'r tywysog Harry, er enghraifft, sy'n eiriol dros liniaru allyriadau carbon tra mae'n teithio yn ei jet breifat i wneud hynny. Neu Tsieina fawr a'i thechnoleg ynni adnewyddol flaengar, ond sydd â diwydiant glo pechadurus. Ydi rhagrith eraill yn ein hachub rhag ein rhagrith ein hunain? 'Y brycheuyn sydd yn llygad dy frawd ...' meddai'r Gair. Peth hyll ydi hunangyfiawnder – ac mae o'n rhemp o'n cwmpas.

Tywydd Les Larsen

10 Rhagfyr 2010

Daeth yr eira yn gynnar, a'r anrheg yn annisgwyl. Llythyr oedd yr anrheg, oddi wrth y cyfaill Les Larsen o Benisa'r-waun yn cynnig i brosiect Llên Natur wybodaeth syml y bu'n ei gasglu gydol ei oes, sef rhestr dyddiadau'r eira cyntaf a welodd ar fynyddoedd Eryri ers (a hyn sy'n ei wneud yn arbennig) 1942. Collodd ambell flwyddyn tuag amser fy ngeni innau tra bu'n gwasanaethu yn yr RAF, ac ambell flwyddyn arall am resymau a aeth yn angof. Dywedodd ei fod yn siŵr bod eira yn disgyn yn hwyrach heddiw nag y bu.

O dynnu cromlin ystadegol trwy'r data, dyna'n union a ddangosodd ei wybodaeth, a dyna a ddisgwylid, mae'n debyg, o gofio Cynhesu'r Hinsawdd. Ddiwedd mis Tachwedd daeth yr eira i lawr gwlad – yr eira y bu cymaint o sôn amdano, yr eira a rwystrodd y plant rhag mynd i'r ysgol fis cyn i ni hyd yn oed ystyried y posibilrwydd.

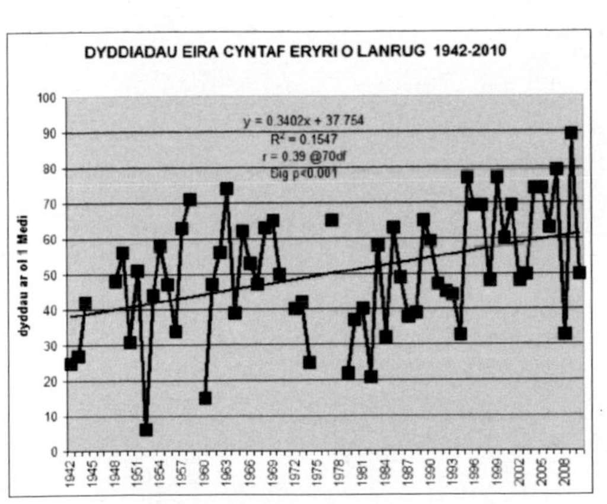

Gwybodaeth Les Larsen o Benisa'r-waun y bu'n ei chasglu gydol ei oes, sef rhestr dyddiadau'r eira cyntaf a welodd ar fynyddoedd Eryri.

Ond ar y Carneddau ar 20 Hydref y cafwyd yr eira cyntaf, a dyna a ysgogodd Les i rannu ffrwyth ei lafur, a'i weledigaeth fore oes. Efallai fod eira cynnar yn broffwydoliaeth dda o aeaf caled – wedi'r cwbl, ar y dyddiad gweddol gynnar o 26 Hydref y disgynnodd eira cyntaf Eryri yn 1962 cyn yr heth enwog ddechrau'r flwyddyn ganlynol.

Yn ôl data Les, ar 10 Hydref y disgynnodd yr eira cyntaf yn 1981, ac fe ragflaenodd hwnnw dywydd oer yr Ionawr a'r Chwefror canlynol. Ond nid oedd ei ddyddiadau cynharaf, megis mis Medi 1942, yn rhagflaenu unrhyw dywydd oer o gwbl yn y gaeaf a ddilynodd. Na, yn groes i ddoethinebu pobl y bŷs-stop a'r dafarn, nid yw proffwydoliaethau o aeafau caled yn dilyn eira cynnar yn arbennig o ddibynadwy. Nac ychwaith gredoau cyffredin am gynhesu'r ddaear.

Mae hi'n anodd cofio, heb sôn am dderbyn, wrth gysgodi yn y dywededig fŷs-stop rhynllyd, bod y byd yn twymo allan o bob rheolaeth, a bod tywydd ein cilcyn bach ni o ddaear yn golygu'r nesaf peth i ddim yn y pictiwr mawr. Pwy a gredai'r gwybodusion pan ddywedant fod 2010 yn addo bod y flwyddyn gynhesaf erioed ar lefel byd-eang?

Ond yn ôl at yr eira. Pa mor anarferol yng Nghymru yw tywydd tebyg i bythefnos olaf mis Tachwedd 2010? Yn ôl Walter Davies (Gwallter Mechain) rhagflaenodd eira trwm mis Tachwedd 1799 ym Maldwyn aeaf caled: '*... a heavy fall of snow which continued for some days ... set in for an early winter. Snow and frost, with few intermissions, continued until the middle of March*.' Y tywydd gwaethaf (o ran gwres, oerfel ... beth bynnag) 'a welwyd gan neb byw' yw un o'r mathau o sylw mwyaf cyffredin mewn hen ddyddiaduron!

Yn yr oes 'fodern', ar 15 Tachwedd 1901 prynodd y Parch. Richard Headley, ciwrad Bethesda, bâr o sgidiau cryfion oherwydd '*the whole country covered with snow today*'. Cafwyd tair modfedd o eira yn Esgairdawe, Caerfyrddin, mor gynnar â'r cyntaf o Dachwedd 1934 yn ôl dyddiadur Defi Lango (Gol. Goronwy Evans) ac yn *Llyfr Lloffion Dathliadau Jiwbilî* Cangen Waunfawr o Sefydliad y Merched, cofnododd y ddiweddar Mary Vaughan Jones 'storm o eira gyda gwyntoedd cryfion a lluwchfeydd' ar 29 Tachwedd 1965.

'Gyrrwyd plant yr ardal o'r ysgolion ganol dydd' meddai Mary, ac yn ôl data Les gwelwyd eira ar fynyddoedd Eryri y flwyddyn honno ers diwrnod cyntaf y mis.

Ar 13 Tachwedd 1991 cafwyd dwy fodfedd o eira yng Ngwent ac ar y deunawfed yn 1996 cafwyd y gwasgedd isaf ers 50 mlynedd (960mb) gydag eira trwm dros Gymru, colli trydan a tharfu ar geir a thrafnidiaeth. Oedd yr eira trafferthus hir a ddechreuodd fis Tachwedd eleni [2010] felly yn eithriad? Na, dim ond anghyffredin, efallai, ar binsh! Mae trafferthion tywydd oer Cymru eisoes yn llithro i'r llyfrau hanes.

2020

Pa mor wrthrychol ydi'n cof plentyndod, beth bynnag ein hoedran? A pha gred ddylen ni haneswyr amgylcheddol ei roi ar sylwadau wedi eu tynnu o'r cof pell, o'u cymharu â sylwadau cyfoes yr un bobl (neu bobl debyg iddyn nhw ers talwm) am y tywydd?

Mae'n ystrydeb ymysg ecolegwyr hanesyddol bod cof plentyndod neu lencyndod yn was gwael i wyntyllu newid yng nghefn gwlad. Mae realiti 'ddoe-pell' pobl hŷn, meddir, yn wahanol i realiti 'ddoe-agosach' pobl iau, ac mae hynny'n effeithio'n fawr ar eu canfyddiad o'r 'Newid' sydd wedi dod i'w rhan yn lleol neu'n ehangach. Tydi pobl iau ddim am weld y gwahaniaeth gymaint.

Tyddyn Pant y Defaid, Waunfawr, 4.30 y prynhawn, 20 Rhagfyr 2010. Awr wedyn mesurwyd y tymheredd yn -8°C – un o'r nosweithiau oeraf erioed yn y Waunfawr.

Mae gan y gwybodusion derm am

hyn: *The Law of Shifting Baselines*. Ydi hi'n bosibl i'r person iau werthfawrogi'r trai enfawr ym mhoblogaeth yr ehedydd dros y degawd diwethaf heb y modd i gymharu'r hyn a fyddai ers talwm? Lluosogwch hynny dros y rhywogaethau sydd mewn perygl neu'n ddiflanedig (gylfinir, cornchwiglen, rygarug ac ati – mae cliw yn yr enw olaf, dim ond y to hŷn sy'n gwybod ystyr y gair erbyn hyn!) ac mi gewch genhedlaeth o anwybodusion diniwed o'i chymharu â'r genhedlaeth sy'n cofio'r 'gogoniant a fu'. Dyna'r theori, beth bynnag!

Ond er gwaetha'r llygedyn o wirionedd sydd yma, mae'r stori yn fwy cymhleth na hynny. Yn gyntaf, mae sbectol rhosliw hafau hirfelyn tesog y gorffennol, neu aeafau eiraog mawr, yn dal eu gafael yn y cof yn gynyddol wrth i ni heneiddio, ac yn ystumio unrhyw realaeth y maen nhw'n perthyn iddo ar draul yr hyn oedd yn 'normal'.

Ond yn ail, wrth sgwrsio efo cyfeillion wrth y bỳs-stop, fel petai, dwi'n sylwi mor wallus ydi'r cof. Heblaw am ddigwyddiadau mwyaf y gorffennol sydd wedi aros, ydan ni'n byw mewn rhyw fath o bresennol tragwyddol, ac yn derbyn pob 'rŵan' fel pob 'erioed'? Os felly, mae hynny'n newyddion drwg os ydyn ni am ysgogi ymwybyddiaeth o'r newidiadau difrifol sy'n digwydd i ni. Mae'n beryg mai dim ond eithafion, digwyddiadau peryglus fel llifogydd, tanau ac ati, sy'n dod i'n rhan yn ddisymwth, sydd ag unrhyw obaith o wneud hynny ar bob un ohonom.

Y genhedlaeth iau, wrth gwrs, sydd biau'r dyfodol, ond y genhedlaeth hŷn sydd â'r allwedd i olrhain y newidiadau sy'n digwydd. Serch hynny, y to iau sy'n arwain y gad yn amgylcheddol. Ond y gair cyfoes mewn dyddiadur neu lythyr, neu gyfraniadau rhifol tymor hir cofnodwyr amatur gwyddonol eu hanian fel Les Larsen, sy'n gorfod cynnal eu hymgyrch.

Adnabod y gwahaniaeth rhwng pethau tebyg

17 Hydref 2008

PRIOD waith y bardd, meddai Phylip Sidney (1554–1586) yw darganfod tebygrwydd rhwng pethau gwahanol. 'Hed hebog fel dart heibio' meddai Eifion Wyn am yr aderyn ysglyfaethus hwnnw y mae'r Sais yn ei alw'n *sparrowhawk*. Wrth ei gymharu â dart, nid oes yr un rhywogaeth arall bron a allasai fod, ac mae gweddill y gerdd yn cadarnhau hynny: 'trwy y drain y dyry dro, nid oes gân lle disgynno'. Hwn yw'r aderyn sy'n taranu heibio'r bwrdd adar i ysbeilio, ac yn aml yn mynd ar ei ben i ffenest y gegin yn y broses. O'r gair Sacsonaidd *heafoc* y daeth *hawk* a hebog. Daeth y gair, efallai, i'r Gymraeg yn dilyn yr wrogaeth y bu'n rhaid i Hywel Dda ei dalu i Athelstan (c.895–939), brenin cyntaf Lloegr gyfan. Dywedodd Sidney hefyd mai priod waith y gwyddonydd (*natural philosopher* oedd ei derm o) yw gweld gwahaniaethau rhwng pethau tebyg.

Gwalch glas
Llun: Gareth Jones

Er nad yw'r lleygwr yn gwahaniaethu rhwng teulu'r *peregrine falcon* a'r teulu y mae'r *sparrowhawk* yn perthyn iddo (mi ddaw'n amlwg yn y man pam yr wyf yn defnyddio eu henwau Saesneg), mae'r ddau, yn ôl eu dull o hela a'u tacsonomeg Linneaidd, mor wahanol i'w gilydd â chnocell y coed a thitw

Tomos las. Mae pob adarydd gwerth ei halen yn gwybod hynny. Am y rhesymau uchod, tybiais mai'r enw naturiol Cymraeg am *hawk* fyddai 'hebog', ac o ystyried naws yr ambell lecyn sy'n dwyn yr enw 'Carreg y Gwalch' tybiais mai enw naturiol y Cymry ar yr aderyn cefnlas hwnnw felly fyddai 'gwalch glas'. Ni all y graig o'r un enw, ar gyrion Betws-y-coed, fod yn nythfa i ddim byd ond y *peregrine falcon*. Mae ein henwau ar y ddwy rywogaeth heddiw fel petaent yn mynd yn gwbl groes i hen arfer – 'gwalch glas' yw'r enw safonol diweddar am *sparrowhawk*, a 'hebog tramor' am *peregrine falcon*. Bûm yn tantro ers blynyddoedd i geisio cywiro'r dryswch.

O weld y tebygrwydd arwynebol rhwng y gair *falcon* a'r gair 'gwalch', bu'n demtasiwn i mi feddwl mai geiriau cytras ydynt. Ond mae'r ffaith yn fwy diddorol na'r ffansi yn yr achos hwn. O'r Ffrangeg *faucon*, yn y drydedd ganrif ar ddeg, y daeth *falcon* i'r Saesneg. Mae'r gair o'r un dras a *faucille* (yn golygu 'cryman'), un ai oherwydd ffurf fachog ei big neu ei grafangau (hynodwedd pob aderyn ysglyfaethus), neu oherwydd ffurf ôl-blygedig ei adenydd (nodwedd y *falcons* yn unig).

Mae'r gair 'gwalch' yn hŷn, ac o'r Sacsoneg y daeth! Yr un gair â *Welsh* ydyw, ac mae rhai hen ffynonellau yn cyfeirio at *wealh-hafoc*, sef yr hebog estron – hynny yw, Cymreig!

Felly nid termau hebogwyr Canoloesol i wahaniaethu dau deulu sylfaenol gwahanol i'w gilydd ydi 'hebog' a 'gwalch' wedi'r cyfan. Esboniodd Dylan Foster-Evans o Brifysgol Caerdydd wrthyf i'r hen hebogwyr alw eu hadar yn ôl eu hysglyfaeth arferol. Byddent, er enghraifft, yn dosbarthu'r *peregrine falcon* benywaidd gyda'r gwalch marthin (*goshawk*), dau aderyn mawr o dras wahanol a allai ddal crëyr neu aderyn y bwn.

Ond dwi'n dal i ddweud bod Eifion Wyn yn llygad ei le, a bod ein harfer o alw 'hebog' ar y *peregrine falcon*, i mi, fel galw cnocell ar ditw! Ond nid wyf yn arbenigwr ar hyn, felly i aralleirio Syr Ifor Williams, mae'n dda deall tarddiad geiriau, a bron cystal yw meddwl eich bod yn eu deall!

2020

Ond pam yn y byd mae cnocell a thitw mor amlwg heb fath o berthynas â'i gilydd y tu hwnt i'r ffaith eu bod yn adar, a'r ddau fath o aderyn rheibus, er bron yr un mor ddiberthynas â'i gilydd, yn llawer tebycach i'w gilydd?

Er mwyn osgoi amwyster, maddeuwch i mi os mentraf am eiliad i fyd y termau Lladinaidd gwyddonol. Mae'r cnocellod yn perthyn i urdd fawr y *Piciformes* a'r titwod yn perthyn i urdd fwy fyth, sef y *Passeriformes*. Mae achau tacsonomegol y ddau grŵp o adar rheibus hefyd yr un mor wahanol (er yn agosach i'w gilydd ar y goeden achau Linneaidd). Dyma'r *Falconiformes* (yr urdd y mae'r *peregrine falcon* yn perthyn iddo, sef y gwalch y mae Carreg y Gwalch ym Metws-y-coed yn cyfeirio ato), urdd y *sparrowhawk* ac ati a anfarwolwyd gan Eifion Wyn.

Felly, i ateb y cwestiwn 'pam fod y ddau grŵp o adar rheibus mor debyg', yr ateb yw Esblygiad Cydgyfeiriol (*convergent evolution*). Mae'r ddau fath o reibiwr wedi datblygu i'r un cyfeiriad dan amodau eu ffordd o fyw – rheibio ysglyfaeth chwim o gig a gwaed yn yr awyr. Mae eu celfi (crafangau miniog, bachyn o big i rwygo cnawd, a llygaid craff) yn angenrheidiol i'r ddau grŵp fel ei gilydd er nad ydyn nhw wedi dilyn yr un trywydd esblygiadol i ddatblygu'r 'tŵl-bocs' arbennig hwnnw. Mae'r tylluanod yn meddu ar yr un taclau yn union trwy broses debyg – maent hwythau mewn urdd wahanol eto. Mae bocs celfi'r gnocell a'r titw yn hollol wahanol, at ddiben bywoliaeth wahanol iawn i'w gilydd. Y gresyn yw nad ydi'n henwau bob amser yn adlewyrchu'r realiti. Ond dyna fo, enwau ydi enwau a chreaduriaid ydi creaduriaid, ac nid oes cyfarfod i fod rhwng y ddau bob tro.

Cant o enwau am le gwlyb?

5 *Ionawr* 2007

Mae 'na hen ystrydeb fod cant o enwau am eira i'w cael yn iaith yr Esgimo. Os oes gwirionedd yn hynny, gallwn ddisgwyl cyfoeth o enwau am le gwlyb yn ein hiaith ni yn yr un modd. Yn ddiweddar, bu'n rhaid i mi ofyn i griw WEA Abersoch – pobl o'r ardal bob un, gyda llaw – beth yn union yw gweirglodd. 'Hanner ffordd rhwng cae a chors' oedd yr ateb parod. Ydi hynny'n wir ym mhobman, tybed?

A chymryd felly'r eirfa o'r sychaf i'r gwlypaf, dyna i chi 'dôl', neu faes agored llawr gwlad, yn wreiddiol yn gyfochrog ag afon. Dolen, neu dro naturiol, yn yr afon oedd dôl, ac wedyn y daeth y gair i olygu'r tir y tu mewn i'r ddolen sy'n cael ei ddyfrio a'i wrteithio'n naturiol gan y gorlif. Mae'r diwydiant amgylcheddol yn cael trafferth cyfieithu'r enwau Saesneg am leoedd gwlyb i'r Gymraeg, geiriau megis '*fen*', '*carr*', '*mire*', '*bog*' ac yn y blaen, a'r duedd yw gwasgu'r Saesneg, fel petai, i mewn i'r Gymraeg (clywais 'ffen' droeon!) yn lle gwrando ar deithi naturiol yr iaith. Yn wreiddiol, lle y tyfai cyrs arno oedd cors (planhigyn, gyda llaw, sy'n nodweddu'r union gynefin gwlyb calchog y mae'r Saeson yn ei alw'n 'fen'). Yn y gwernydd y tyfai coed gwern, a siawns nad yw mign, a'r mwsogl a elwir yn migwyn, yn gwbl ddigysylltiad â'i gilydd?

Enw lleol ar Gors Fochno yw 'y Figin', gyda llaw, a tybed sut le oedd Tal y Mignedd yn Nyffryn Nantlle pan gafodd hwnnw ei enwi? Lle gwlyb yn unig yn aml yw 'y Wern' (unigol benywaidd) bellach ond 'y gwern' (lluosog: nifer o goed gwern) oedd y coed a dyfai yno. Dyma un o'r elfennau mwyaf cyffredin ymhlith enwau lleoedd disgrifiadol Cymru, ac mae mwy ohonynt yn nwyrain y wlad nag yn y gorllewin. Pery hyn i mi feddwl mai lleoedd i weithio coed gwern – ar gyfer gwneud gwadnau clocsiau, neu olosg – oedd y gwernydd, gan i gynifer o'r enwau hyn glystyru ar hyd y gororau heb fod ymhell o weithfeydd mawr y cymoedd diwydiannol.

Enw arall ar le gwlyb sy'n cyfeirio at fyd gwaith yr oes a fu yw mawnog – '*turbary*' yn Saesneg – neu le i dorri mawn. Cofier Turf Square yng Nghaernarfon (y Bont Bridd ar lafar yn lleol). Clywais hefyd 'ceulan' am dalcen gwaith y lladdwyr mawn yn y fawnog. Crwydrodd llawer o'r geiriau hyn oddi wrth eu hystyron gwreiddiol dros ganrifoedd, heb sôn am i natur y lleoedd newid hefyd. Cofiaf i'r ddiweddar Mrs Rowlands o Gapel Coch, Môn, gyfeirio at Gors Erddreiniog gyfagos fel 'y waun'. Bûm i'n byw yn y WAUNfawr, Arfon, am ragor na hanner oes, ac ni welais ddau le gwlyb mwy annhebyg i'w gilydd. 'Chwaen' yw un ffurf Monwysol ar y gair hwn.

Y gors wlypaf yw honno a elwir yn siglen – cors sigledig sydd mor wlyb fel nad yw ond llyn â chroen o lystyfiant dros ei hwyneb. Wrth yr enw Almaeneg *schwingmoor* y mae'r hollwybodus ecolegwyr yn ei hadnabod, fel pe na fuasai erioed y fath iaith â'r Gymraeg yn y wlad wlypaf o fewn eu cyrraedd! Lle tebyg yw tonnen, 'ton' yn yr ystyr hwn yn golygu'r croen y cyfeiriais ato gynnau. Yn ardal Pant Glas, Eifionydd, mae Gwarchodfa Natur Genedlaethol Cors Gyfelog. Dyma'r gors, yn ôl ei henw, dybiwn i, sy'n gyforiog o flodau'r felog (*Pedicularis palustris*) a phan ofynnais un tro i un o'm cyd-weithwyr oedd â'i wreiddiau ym Môn, ac a fu'n gyfrifol am y warchodfa hon, 'i ble mae dy waith am fynd â ti heddiw?' fe atebodd, yn ffordd dalog, ddihafal Gwlad y Medra – 'awn ni tua swampia Pen'groes 'na heddiw dwi'n meddwl'. Deud lot a deud dim!

2020

Mae astudio ystyron geiriau a thermau o werth ynddynt eu hunain, wrth gwrs, ond wrth ymhél â hen ddogfennau sy'n cofnodi nodweddion o'r amgylchedd i geisio mesur newid dros y canrifoedd (fel mae prosiect Llên Natur yn ei wneud), mae deall beth a olygwyd ac a olygir wrth wahanol dermau mewn gwahanol ardaloedd yn hollbwysig. Geiriau a'u hystyron yw *stock-in-trade* yr Ecolegydd Hanesyddol.

Beth yw cors?

Nid corsydd oedd y lleoedd mwyaf poblogaidd dros y canrifoedd: 'cors anobaith', bridfa i bryfed pigog, lle di-faeth a di-fudd yn amaethyddol nes cael eu sychu. Ond wrth i ni golli mwyfwy ar ein bioamrywiaeth daethom i sylweddoli gwerth aruthrol y gwahanol fathau o gors am eu planhigion a'u creaduriaid arbennig ac arbenigol. Un o nodweddion pwysicaf cors yw'r ffaith nad yw'r planhigion sy'n byw yno yn pydru ar ôl marw oherwydd y gwlybaniaeth. Maen nhw, yn hytrach, yn cronni ar ffurf mawn i greu yn y pen draw (yn ddibynnol eu lleoliad a ffurf y tir) **cyforgorsydd** neu gorsydd cromennog megis Cors Fochno (Ceredigion), **corsydd dyffrynnog** megis Cors Erddreiniog (Môn) a **gorgorsydd** megis y Migneint (Meirionnydd a Chonwy). A thrwy'r gronfa haenog o baill yn y mawn oddi tanynt maent yn storfa o wybodaeth am hanes ac olyniaeth ein tir dros bymtheg mil o flynyddoedd ar ôl i'r Oesoedd Ia ddod i ben.

Cyrs, Llanfaglan.
Llun: Ifor Williams

Mae natur y tair math o gors yn hollol wahanol i'w gilydd, yn rhannol ddibynnol ar y graig sy'n sylfaen iddynt ac yn rhannol yn ôl eu dibyniaeth ar y glaw neu nentydd i gynnal eu gwlybaniaeth. Mae'r orgors yn llwyr ddibynnol ar law sy'n brin o fwynau ac felly yn asidaidd iawn gyda'i chymdeithasau unigryw o blu'r gweunydd, migwyn a grug deilgroes. Yma mae ei natur lom wedi gorfodi rhai planhigion megis y gwlithlys a thafod y gors i atafaelu mwynau trwy ddal a threulio pryfed mân.

Mae'r gors ddyffrynnog yn fwy dibynnol ar ddŵr y nentydd sy'n ei chyflenwi, ac felly ar natur fwynaidd y graig y mae'n digwydd llifo drosti. Hon ydi'r gors fwyaf cyfoethog o ran ei bioamrywiaeth, ac sy'n cynnal cadwyn o'r cyfoeth rhyfeddaf o bryfed, ymlusgiaid, gweision neidr, pysgod ac adar, gan gynnwys adar ysglyfaethus prin megis boda'r gors ac aderyn y bwn.

Mae'r gyforgors yn cyfuno nodweddion y ddwy uchod gan mai esblygiad ydyw o'r naill i'r llall. Ar ôl amser hir yn hanes y math yma o gors, cafodd y gors ddyffrynnog fwynaidd wreiddiol gyfle i gronni stôr ddofn o fawn y tu hwnt i gyrraedd dylanwad y nentydd mewnlifol gwreiddiol. Ymhen hir a hwyr crynhodd y mawn nes cyrraedd dylanwad llai mwynaidd y glaw yn unig. Mae cyforgorsydd Cymru yn gadarnleoedd i blanhigion a phryfed hynod brin a bregus eu poblogaeth ac yn cael eu micro-reoli yn ofalus gan yr asiantaethau cadwriaethol. Y mwyaf nodedig o'r rhain yw gwyfyn gwrid y gors (*Coenophila subrosea*) a'r glöyn byw britheg y gors (*Euphydryas aurinia*), ac ymhlith y planhigion, andromeda'r gors (*Andromeda polifolia*). Er eu bod yn gyfyngedig i ddarnau cymharol fychan o dir mae gwerth cadwriaethol y corsydd y tu hwnt i bob mesur.

Cwmwl fel mwg llosgi gwymon

7 Awst 2009

Ar 22 Mawrth, ddiwedd y flwyddyn 1381 yn ôl cyfri'r hen galendr, bu i Goronwy ap Tudur, uchelwr o linach Tuduriaid Penmynydd, Môn, foddi 'dan lifddyfredd' yng Nghaint. Cyfnod trychinebus ar unrhyw gyfrif a ddilynodd, cyfnod a oedd yn llawn arwyddocâd i Iolo Goch a'r meddwl Canol Oesol.

Iolo oedd y bardd a gyfansoddodd y cywyddau swmpus y mae'r sylwadau hyn wedi eu seilio arnynt. Soniodd am ddiffyg ar yr haul yn parhau am fis ym Môn dros y cyfnod. 'Mae cwmwl fel mwg [llosgi] gwymon' a 'clipsis fis ar Fôn' meddai. Gor-ddweud oedd 'y mis', mae'n debyg – dyna oedd hyd arferol y galaru ar ôl marwolaeth. Dydd Mawrth 1 Ebrill yn y mis a'r flwyddyn (calendr Iwlaidd) ganlynol, a diwrnod cyn i gorff Goronwy gyrraedd man ei gladdu yn Llanfaes, bu storm: 'Tymestl a ddoeth, neud Diwmawrth'.

Llanfaes, wrth gwrs, oedd man claddu traddodiadol Tywysogion Gwynedd ers amser ei sefydlu gan Lywelyn Fawr, ac roedd Tuduriaid Penmynydd yn ddisgynyddion i Ednyfed Fychan, distain Llywelyn.

Roedd y daith yn hir o Gaint i Fôn yr adeg honno – taith o 30 milltir y dydd yn ôl amcangyfrif yr Athro Dafydd Johnston, neu yn hytrach, yn ôl ei raglen Gŵgl Maps, 'gan osgoi'r traffyrdd'! 'A'i arwain ar elorwydd o Loegr i Fôn' meddai Iolo am hebrwng y corff yn ôl – taith dros dir, felly, nid mordaith.

Diolch i'r Athro am ganiatáu i mi gyflwyno'r braslun hwn o'i ddarlith ddiweddar. Mae'r fath fanylder ynglŷn â dyddiadau marwolaeth yn dra phrin mewn barddoniaeth yr oes hon, meddai. Prinnach fyth yw cofnodion manwl daeargrynfeydd a stormydd, ddywedwn i.

Yn fuan cyn angladd Goronwy, ar 3 Ebrill, a thri diwrnod cyn Sul y Pasg, bu farw'r Archddiacon Ithel ap Robert, noddwr hael i'r bardd. Ychwanegodd ei farwolaeth ddyletswydd farddol arall ar Iolo, a phroffwydoliaeth gwae.

I ddwysáu'r dychryn, am dri o'r gloch y prynhawn ar 21 Mai, bedwar diwrnod cyn i Iolo gyflwyno'i gywydd i goffáu Ithel, ar y Sulgwyn mae'n debyg, cafwyd daeargryn o dan fôr y sianel ger Caint (nid nepell, wrth gwrs, o fan marwolaeth Goronwy).

Yn ddi-os, gwyddai Iolo am y daeargryn, a gwyddom hefyd iddo ddifrodi cadeirlan Caergaint. Yn ystod prawf Wycliffe am heresi a gynhaliwyd ar y pryd, fe ddefnyddiodd y ddwy ochr y tirgryniad hwn fel tystiolaeth o blaid eu hachos hwy. Dywedodd Iolo fel y bu i 'blanhigion pla' dorri'r ddaear 'yr awr hon', a'i fod yn 'Hysbys ymhob llys a llan / Dorri'r ddaear yn deir-ran' – pob llys a llan gan gynnwys Môn, hyd yn oed? Amcenir gan wybodusion Prifysgol Casnewydd mai rhwng 5 a 6 ar raddfa Richter oedd y cryndod. Y daeargryn mwyaf a gafwyd ym Mhrydain ers dechrau cofnodion gwyddonol oedd hwnnw ar y Dogger Bank o dan Fôr y Gogledd yn 1931 a fesurwyd yn 6.1 ar raddfa Richter. Achosodd hwn tswnami (cyn i'r gair dreiddio i'n geirfa bob dydd), sef llifogydd ar hyd yr arfordir cyfagos, a difrod i drefi ar hyd dwyrain Lloegr. Fe 'stumiwyd tŵr eglwys Filey, swydd Efrog, gan y cryndod. Yn ôl Wikipedia, disodlwyd yn ei sgil ben cŵyr y llofrudd ddoctor Crippen ym Madame Tussauds, Llundain – y man pellaf yr honnir i'r daeargryn hwn gael ei deimlo.

Cofnodwyd daeargryn Iolo mewn cerdd Saesneg hefyd: '*Pinacles, steples, to ground hit cast; and al was for warnyng to be ware*', a chan Iolo i berwyl tebyg: 'Siglo a wnâi'r groes eglwys ...' ac i dynnu sylw at y ffaith mai daeargryn tanddwr

Corffddelw Goronwy ap Tudur a'i wraig Myfanwy yn Eglwys Penmynydd, wedi eu symud yno o Lanfaes adeg diddymu'r mynachlogydd.

ydoedd: '... Fal llong eang wrth angor, / Crin fydd yn crynu ar fôr.' Er i Iolo a llawer o'i gyfoeswyr ddeall mai 'pellennog' (crwn) oedd y ddaear ac nid bwrdd gwastad, melltith gan ei dduw oedd ei grymoedd. Cewch ddarllen ymhellach am hyn mewn erthygl gan Dafydd Johnston yn *Llên Cymru* yn 2010.

2020

Yn y cyfnod hwn, cyn 1752 pan fabwysiadodd Prydain y drefn Gregoraidd (Babyddol) oedd eisoes yn bodoli ar y Cyfandir, cyfrifid dechrau'r flwyddyn, dan yr hen Galendr Iwlaidd, ar 20 Mawrth (sef y cyfnod o gwmpas Cyhydnos y Gwanwyn). Gwelwn olion y drefn hon yn ein 'blwyddyn ariannol' heddiw. Un o oblygiadau hyn yw'r cywiriad sydd ei angen ar gofnodion o'r cyfnod yn nhri mis cynta'r flwyddyn i'w cysoni â'n calendr ni. I gysoni dyddiadau 1381 ('Hen Steil') gyda'n calendr ni (sy'n dechrau'r flwyddyn ar 1 Ionawr), mae'n rhaid clymu'r tri mis dan sylw i'r flwyddyn ganlynol. Felly, byddai '1382 ('Steil Newydd')' yn ffordd ddiamwys o gysoni dros gyfnod hir o amser.

I gymhlethu pethau'n fwy fyth, cyn 1752 nid pawb a

ddechreuai'r flwyddyn oddeutu 20 Mawrth. Yr Eglwys gadwodd yn fwyaf haearnaidd i'r dyddiad gweinyddol hwnnw, a dethlid dydd Calan (1 Ionawr) fel heddiw. Dyma gofnod o lythyrau Morrisiaid Môn, yn dangos arferiad seciwlar Dydd Calan yn 1735–6:

> Dyw Calan wedi bod Nos 1735-6. Dcccw'r [sic] Plantos wedi myned i'w gwelyau a phob peth yn ddistaw ond y Dwyreinwynt, cryf, rhewllyd, sydd yn chwibanu drwy'r dorau.

Cofnododd William Bulkeley, Llanfechell, gerllaw, yn 1742–3 fel hyn: *'Gave Roger the Sexton 2s. 6d. New year's Gift'.* (Gweler. t. 99)

Beth yw Daeargryn?

Dirgryniad wyneb y ddaear yw daeargryn. Mae daeargrynfeydd yn digwydd bob dydd – rhai gwan yw'r mwyafrif ohonynt, nad ydynt yn achosi niwed mawr, ond mae daeargrynfeydd mawrion yn achosi niwed erchyll gan ladd llawer o bobl. Achosir daeargrynfeydd yn bennaf oll gan symudiad platiau tectonig, lle mae dau blât mewn gwrthdrawiad neu yn symud i gyfeiriad dirgroes (daeargryn tectonig).

Armagedon amdani?

16 *Chwefror* 2007

Oes achubiaeth yn mynd i ddod rhag effeithiau gwaethaf Newid Hinsawdd? Os oes, o ble y daw? O glymblaid o fudiadau gwyrdd radical? Gan wyddonwyr hirben? Gan wleidyddion mwyaf goleuedig yr Undeb Ewropeaidd? Ynteu a oes rhyw senario mwy annisgwyl yn ein haros?

Fel y mae'n ymddangos, pobl yr Unol Daleithiau yw'r pechaduriaid mwyaf o blith holl blant dynion llygredig, bwyteig a chibddall y blaned (gan gynnwys nyni, a Tsieina fawr). Gan hynny, os ydym am fod yn optimistaidd o gwbl am argyfwng Newid Hinsawdd, mi fydd yn rhaid i'r wlad honno, yn hwyr neu'n hwyrach, roi ei thŷ ei hunan mewn trefn.

Fel alcoholig sy'n gwrthod cymryd y cam cyntaf i gydnabod ei broblem, tan yn ddiweddar iawn bu'r UD yr un mor styfnig. Ond, pan fo'r Americaniaid yn penderfynu symud, fel dwi'n credu y gwnânt, maen nhw'n gallu symud efo S fawr. Cofiwch Pearl Harbour.

Mae'r rhesymau am gyndynrwydd America i fynd i'r afael â Newid Hinsawdd yn ddihareb – buddiannau breintiedig y glymblaid anfad rhwng olew, ceir a'r *elite* gwleidyddol Gristnogol Ffwndamentalaidd sy'n arddel dysgeidiaeth Armagedon, a'r canfyddiad cyfeiliornus fod mwy ganddynt i'w golli na neb arall wrth weithredu. Mae'n anodd gweld llawer o oleuni eto yn y Gorllewin, ond pan welant yr hyn sydd wir i'w golli, o'r fan honno, bid siŵr, y daw ... neu gwae ni.

Cynyddodd y galw yn ddiweddar am arweiniad oddi wrth y prif sefydliadau crefyddol. Cyfiawnhaodd y Pab ei deithiau hedfan rhyngwladol trwy ymffrostio bod y Fatican yn Garbon Niwtral am nad yw'n adeiladu ei awyrennau ei hun ac am ei bod yn prynu tanwydd o'r Eidal.

Da iawn Bened – un allan o ddeg! Mae'n f'atgoffa o'r hyn a glywaf yn aml gan y diglemiaid o'm cwmpas sy'n gwawdio dros eu peintiau y pwysau cynyddol arnom i ymatal rhag hedfan ar y sail bod 'y ffleits yn mynd eniwe'! Gallaf faddau iddyn nhw eu dallineb ...

Cefais fy ysbrydoli yr wythnos ddiwethaf gan ffilm arswydus ond gobeithiol Al Gore, *An Inconvenient Truth*. Dyma sut y cyflwynodd ei hun yn goeglyd: 'Al Gore ydw i, a fi oedd Arlywydd nesaf yr Unol Daleithiau'. Go dda, Al! Dyma'r gwleidydd Pwysau Trwm cyntaf i osod ei hun yng nghanol yr agenda amgylcheddol. Mi ddaw ei ddydd eto, ond nid heb ei elynion gwleidyddol, Y Big Oil, rywsut o dan ei adain. Ac mae hynny'n cymryd ffydd.

Nid oes gan neb fonopoli ar ffydd. Fy ffydd i yw nad oes mewn difri unrhyw ddyhead gan neb o bwys i weld catastroffi amgylcheddol o faintioli Beiblaidd (na Choranaidd, o ran hynny). Yn ogystal, nid oes neb mewn grym go-iawn yn hollol gadarn eu cred fod rhywle gwell na Daear Lawr fel cartref i ni – ni, y rhywogaeth ryfeddaf a fagwyd ganddi. Fy ffydd yw bod pen yn drech na chalon ac y bydd grym mwya'r byd, gyda hyn, yn dangos yr arweiniad yr ydym i gyd wir ei hangen.

2020

Ysgrifennais y golofn hon dros ddeng mlynedd yn ôl. A'r hyn sy'n drawiadol yw cyn lleied rydyn ni wedi symud ymlaen (os ydym o gwbl). O'i hailddarllen fe'm trawyd gan y newid a fu yn y prif gymeriadau, boed wych neu wachul. Ac fe ddaeth dau argyfwng arall fwyfwy i'r amlwg dros y cyfnod, sef colli rhywogaethau yn lleol ac yn fyd-eang (y Seithfed Difodiant Mawr) a phroblem ein gwastraff plastig dihysbydd. Derbyniwyd 'Anthroposîn' yn eang fel term am yr Oes Ddaearegol newydd. Yn Saesneg, yn bennaf, y cynhelir y trafodaethau.

Rydym yn dal i chwilio am obaith yn y tywyllwch – rhai trwy roi ffydd yn yr ieuainc, rhai o hyd trwy wadu bod problem o gwbl (hyd at sarhau'r prif ladmeryddion a chwestiynu eu cymhellion), rhai trwy ymesgusodi o gyfrifoldeb am y sefyllfa ar y sail bod eraill yn llawer gwaeth na nhw (*climate scapegoating*, hin-gollfarnu, fel y'i gelwir). Ac yn olaf, ac yn fwyaf gofidus, y rhai sy'n *croesawu*'r 'Armagedon' a'r byd gwell maen nhw'n credu sydd i ddod.

Wrth gwrs, tydi pawb ddim yn ffitio i'r categorïau hynny o gred neu anghred. Mae rhai, y mwyafrif ohonom, efallai, yn syml ddi-hid, hyd nes, wrth gwrs, y byddant yn gorfod wynebu'r broblem yn eu bywyd beunyddiol. Ac mae rhai yn rhy brysur yn cyrraedd pen y diwrnod yn cadw to uwch eu pennau a thamaid yn ei boliau i boeni am y dyfodol.

Nid yw Al Gore wedi llwyddo, yn bersonol o leiaf, i gynnal y momentwm a greodd gyda'i ffilm amserol a meistrolgar *An Inconvenient Truth*. Y Swedes Greta Thunberg, y ferch 16 oed (mewn Saesneg fyddai'n codi cywilydd ar ambell Sais) sydd wedi dwyn ei lusern ac wedi llwyddo, trwy ddamwain, bron, i fobileiddio'r genhedlaeth iau dros y byd i ddwyn Pŵer i gyfrif. Yn sgil codiad yr ifainc daeth Chwyldro Difodiant (Extinction Rebellion) i'r llwyfan gyda'i ddulliau uniongyrchol di-drais. Gwelsom ganghennau yn codi yn y Fro Gymraeg. Cryfhaodd llais David Attenborough er iddo gyrraedd gwth o oedran, a'i osgordd gyfryngol (y BBC yn bennaf) yn codi'r faner i'r to hŷn. Parhaodd yr awdur a'r meddyliwr George Monbiot â'i grwsâd radical a'i herio parhaus, ac fe lwyddodd trwy ei syniadau ail-naturio (*rewilding*) i amlygu tensiynau rhwng hunan-les, gwladgarwch a chynaladwyedd tymor hir yn ein cymunedau cefn gwlad.

Mae rhai ymwadwyr, mae'n ymddangos, yn methu â chynnal eu 'dadleuon' erbyn hyn, megis Nigel Lawson.

Efallai fod y broblem yn rhy amlwg hyd yn oed iddyn nhw. Ynteu ydi eu gallu i dwyllo neu hunan-dwyllo yn ddihysbydd? Mae rhai, fel y darlledwr dawnus David Bellamy, wedi ein gadael. Gwelsom Donald Trump, yr archwadwr, yn cyrraedd y Tŷ Gwyn ac yn chwalu gobeithion yr UD i symud y byd yn ei flaen trwy gytundeb Paris COP21 – ond gwelsom adwaith difyr ar ffurf taleithiau unigol fel Califfornia yn aros yn urddasol yn y gêm.

Daeth Bolsanaro i rym ym Mrasil gan roi fforest yr Amason ar drugaredd unrhyw siarc a ddymunai ei droi yn bren, olew palmwydd neu gig buwch proffidiol. Cyhuddwyd Bolsanaro a'i gyd-gynllwynwyr honedig, y Pab Bened a Christnogion ffwndamentalaidd eraill, o wir 'Armagedoniaeth' – nid gwadu Newid Hinsawdd maent ond ei groesawu, fel drws agored i'w Paradwys. Yn rhyfeddol, gosododd ei olynydd, y Pab Ffransis, ei hun yn y rheng flaen i barchu ac i achub y blaned – y Cread – yn enw ei Dduw.

Mae Achos yr Hinsawdd yn rhan o'r Prif Lif bellach, ond mae allyriadau carbon yn cynyddu o hyd, ac mae synau gofidus yn cyniwair ein bod ni eisoes heibio'r pwynt dim-troi-yn-ôl. Mae'r Arctig yn dadmer, ac mae'r byd ar dân neu'n boddi. Dyddiau duon o hyd ...

Edgar Owen, un o gynghorwyr Cyngor Gwynedd yn cefnogi rali Chwyldro Difodiant ar Faes Caernarfon, Chwefror 2020. Bu Cyngor Gwynedd yn un o gynghorau cyntaf Cymru i ddatgan 'Argyfwng Hinsawdd'.

Pawb a'i feias lle bo'i ddolur

2 *Mawrth* 2012

Tywyddiadur: gair newydd yn y lecsicon Cymraeg? Dyna ydi ein henw bellach ar ddyddiadur tywydd gwefan Prosiect Llên Natur, a'r 67,000 [114,000 erbyn Mehefin 2020] o gofnodion a gasglwyd arno hyd yma. Ymysg y rhai sy'n astudio'r hinsawdd mae mynd mawr ar wybodaeth tystion erbyn hyn. Mae cofnodion geiriol yn ychwanegiad pwysig i'r data rhifol sydd wedi cael ei gasglu dros y tair canrif ddiwethaf, yn enwedig yn Lloegr. Yr enwog CET (*Central England Temperature Index*) yw'r cofnod rhifol hynaf yn y byd, ond erbyn hyn mae cofnodion lòg ysgrifenedig capteiniaid llongau yn gweld golau dydd hefyd, diolch i haneswyr amatur sy'n cael eu hysgogi gan ddaearyddwyr proffesiynol i fewnbynnu dogfennau o'r math ar wefan arbennig o'r enw Old Weather. Ciw y Tywyddiadur!

Cofnodion cynaeafau grawnwin gwinllannoedd Ffrainc yw'r gronfa ysgrifenedig hynaf yn y byd – cofnodion sy'n mynd yn ôl i'r 14eg ganrif. Ond cyn y Tywyddiadur, ychydig iawn o'r ffynonellau amgylcheddol Cymreig a Chymraeg gafodd eu rhoi ar gof a chadw. Mae cofnodion lu eto i'w casglu: o lyfrau lòg athrawon ysgol, cofnodion lòg peilotiaid a gofalwyr goleudai, llythyrau megis rhai Morrisiaid Môn, ac yn bennaf oll, cofnodion o ddyddiaduron sy'n hel llwch mewn atigs ar hyd a lled Cymru. Ffermwyr ydi'r grŵp pwysicaf o safbwynt y dogfennau olaf, ac fe synnech faint ohonynt fu'n cadw dyddiaduron am eu gweithgareddau amaethyddol. Mae 'na rywbeth yn y natur ddynol – mewn ffermwyr a naturiaethwyr yn enwedig – sydd am gofnodi pob math o wybodaeth. Ond yr un anian sy'n peri iddynt eu cadw rhag y byd mawr busneslyd. Dyna union fusnes y Tywyddiadur: busnesu.

Yn ddiweddar cefais ar fenthyg trwy garedigrwydd ffermwr yng nghyffiniau Harlech gyfres o ddyddiaduron llawn a di-fwlch ers 1947. Ynddynt ceir gwybodaeth ysgrifenedig a rhifol o'r tywydd bob dydd am bum mlynedd a thrigain. Bydd cyfresi o'r math, yn aml mewn llawysgrifen fechan, yn rhoi prawf enfawr ar system fel y Tywyddiadur i ddygymod â mewnbynnu'r holl wybodaeth. Oni dderbynnir ychwaneg o gymorth gwirfoddolwyr o blith Cymry Cymraeg tebyg i selogion gwefan Old Weather yn Lloegr, bydd yn rhaid dychwelyd llawer o'r dyddiaduron hyn i'w perchnogion heb eu hagor, i bob pwrpas. Gair i gall chwi ddarllenwyr *Y Cymro*!

Mae cofnodi, rhannu a rhyfeddu at hen gofnodion yn un peth. Rhywbeth arall yw eu dadansoddi a'u dehongli. Un peth ydi cofnodi dyddiadau cynaeafu gwair, er enghraifft; peth arall ydi tynnu casgliadau am wahaniaethau rhwng un lle a'r llall, neu un cyfnod ac un arall. Ffenoleg yw'r ddisgyblaeth sy'n astudio treigl y tymhorau a sut mae hwnnw'n newid – yr eira cyntaf, efallai, y grifft llyffant cyntaf, dyddiad blodeuo'r briallu neu'r llwyth gwair olaf.

Y cofnod tywydd symlaf yw'r cofnod uniongyrchol. Ar 4 Mehefin 1972, cofnododd Les Larsen eira ffres hyd 2,700 troedfedd yn Eryri. Wedyn mae'r cofnod anuniongyrchol, sef effaith y glaw, megis sylw Richard Morris am dywydd 19 Tachwedd 1768 o lythyrau hynod gyfoethog Morrisiaid Môn;

> Erchyll y llifddyfroedd drwy'r holl deyrnas, ie, a theyrnasoedd eraill hefyd. Mae'r tymhorau megis gwedi newid eu gwedd [1768!!]. Fe ysgubodd Ogwen bont a melinau Llandegai, heb ado carreg ar garreg meddynt i mi.

Yn fwy anuniongyrchol fyth mae'r cofnodion ffenolegol, sef dyddiau blodeuo llysiau, cyfnodau chwalu tail, hel mwyar duon neu glywed y gog gyntaf. Dyma un o ddyddiadur John Owen Hughes, Crowrach, Bwlchtocyn, ar 26 Ebrill 1928; 'Cario cerrig. Dechrau clywed y gog. Poeth iawn.'

Yn olaf, mae'r cofnodion tywydd sy'n tynnu ar brofiad personol. Dyma gofnododd Lloyd George yn ei ddyddiadur ar y 7 Chwefror 1885; '*damp and cold, a vessel shipwrecked on bar – 4 crew drowned – Cric[ieth] lifeboat saved 7.*' Nid ffermwr oedd Lloyd George, wrth gwrs, a threuliodd lawer o'i fywyd dan do mewn ystafelloedd cysurus. Oni fyddai, o'r herwydd, yn barotach i gofnodi tamprwydd ac oerfel nag unrhyw ffermwr neu dyddynnwr. Mae tuedd neu fias bob amser mewn gwybodaeth o'r fath, ac i gribo gwybodaeth feteorolegol o'r cofnodion mae'n rhaid bod yn hollol driw i'r gwreiddiol, beth bynnag yr iaith, yr ieithwedd a'r rhagfarnau sydd ynghudd ynddynt. Y beias hwn yw ein busnes.

2020

Mae perygl i bob 'tro ar fyd' fynd â ni i fannau na ddymunem ymweld â hwy yng nghwrs ein bywyd arferol. Mae beias gan bawb ac mae'n rhedeg trwy bopeth rydyn ni'n ei wneud, boed yr adroddiadau sy'n cael eu cofnodi neu'r cofnodwyr eu hunain.

Mae rhai gwirfoddolwyr yn anghyfforddus yn ymhél â ffynhonnell yn y Saesneg, neu'n gwbl analluog i ymhél â ffynhonnell Ffrangeg, er enghraifft (ystyriwch y beias cyffredinol sydd yn erbyn gwybodaeth nad yw wedi ei ysgrifennu'n Saesneg). Mae rhai wedyn am ymdrin â dogfennau Cymraeg yn unig. Eraill am osgoi deunydd â chynnwys ailadroddus ac undonog (myfi yn un o'r rheiny!). Eraill eto yn methu dygymod â thueddiadau sy'n ymylu ar baedoffilaidd a fynegir gan ddyddiadurwr fel Francis Kilvert a'i ddiddordeb cwbl ddiniwed, efallai, mewn merched ieuanc. Heb sôn am dystiolaeth y merched bach eu hunain. Neu awch afiach (i ni heddiw) perchennog plasty Dolserau, Dolgellau, i ladd popeth oedd yn dod o fewn ergyd gwn iddo.

Ond y gwir amdani yw nad barnwyr moesau ydym. Mae pob cofnodwr â llygad i weld a chlustiau i glywed ac, yr un mor bwysig, cof personol. Cefais gofnod annisgwyl y Nadolig diwethaf na fyddai wedi treiddio fel arall trwy fy rhagfarnau personol innau. Cofnod tywydd ydoedd gan Elisabeth Windsor (Brenhines Lloegr) yn ei neges Nadolig 2019;

> On June 6 1944, some 156,000 British, Canadian and American forces landed in northern France. It was the largest ever seabourne invasion and was delayed due to bad weather. I well remember the look of concern on my father's face. He knew the secret D-Day plans but could, of course, share that burden with no one ...

Beth oedd union natur y 'tywydd drwg'? Tybed oedd a wnelo'r nifer fawr o forfilod peilot a olchwyd i draeth Conwy rywbeth â'r achos?

Ateb y math hwnnw o gwestiwn ydi pwrpas yr archif. Petai Adolf Hitler ei hun wedi gweld yn dda i rannu ei ddyddiadur gyda'r oesoedd i ddod mi fyddai ei gofnodion tywydd yntau, hyd yn oed, yn cael lle teilwng yn y Tywyddiadur!

Tybed oedd a wnelo'r nifer fawr o forfilod a olchwyd i draeth Conwy rywbeth â'r achos? Cerdyn post lleol.

Dwy ffynhonnell ffrwythlon arall i gyrchu tywydd y gorffennol yw

'Seremoni' drosglwyddo Dyddiaduron William Jones, Moelfre, Aberdaron, i Archifdy Gwynedd, Caernarfon, ar ôl eu trawsgrifio i'r Tywyddiadur.

cofnodion cerrig beddi a hen bapurau newydd, yn arbennig marwolaethau mewn damwain. Ai'r tywydd fu'n gyfrifol am anffawd yr un a gladdwyd?

Dyma hanes damwain angheuol a ddaeth i ran John Jones, gweithiwr rheilffordd yn Llannerch-y-medd, ar ddydd Calan 1916. Cofnodwyd rhywfaint o'r amgylchiadau ar garreg fedd ym mynwent Llanrug – achoswyd y ddamwain, mae'n debyg, gan dywydd gerwin. Cawn fwy o wybodaeth yn un o bapurau newydd y cyfnod: '...Credai, gan fod ychydig lithriad yn y ffordd, a'r gwynt a'r ystorm mor erwin, i'r horse-box ei "redeg"...'

Beth laddodd John Jones felly, yr *horse-box* ynteu'r storm? Wrth astudio poblogaethau o bob math, anifeiliaid neu bobl, mae'n rhaid ystyried dau fath o ffactor marwolaeth, y Procsimol (sef yr *horse-box*), a'r un Terfynol (y gwynt). Yn yr un modd, beth, er enghraifft, laddodd y fronfraith gelain ynghanol y ffordd ar ddiwrnod oer o aeaf – y car a'i 'rhedodd' (ffactor procsimol) ynteu'r prinder bwyd a wanhaodd ac a arafodd yr aderyn (ffactor Terfynol).

Tybed beth oedd pwrpas yr *horse-box*? Tybed ai i'r fyddin roedd yn perthyn, a hithau'n ail flwyddyn y Rhyfel Mawr (pwy arall fyddai'n cyboli efo cerbyd i geffylau yr adeg honno?). Ai damwain rhyfel, ar un ystyr, oedd marwolaeth John Jones druan? Mae'r dychymyg yn drên.

Dyma beth roedd pobl eraill ar lawr gwlad yn ei ddweud am y diwrnod hwnnw:

1/1/1916, Llandudno: SW gales with driving rain ... Start for West shore with eggs but got no further than [Sef...]. Trams stop running on account of the gale. 12 Mine Sweepers in the Bay for shelter. (Mr [...] hears that 2 U. Boats were netted off the Great Orme during the week). J & H Bowens chimney pot blown down.

Dyddiadur Harry Thomas, Nantygamar, Llandudno
LlGC Archifdy Conwy

1/1/1916, Rhyd-ddu: Chwythodd ystorm fawr Dydd Calan ... refreshment room gorsaf ffordd haiarn Rhyd-ddu yn ysgyrion. [cael bwyd ar orsaf Rhyd Ddu fel Stesion Bangor! Tybed a gafodd y bwyty ei ail godi?]

Llangollen Advertiser Denbighshire Merionethshire and North Wales Journal, 4 Ion 1916.

1/1/1916 Llanrwst: Chwythwyd amryw o bersonau oddiar eu traed yn Station Road, Llanrwst, gan y storm fawr ddiweddaf.

Llangollen Advertiser Denbighshire Merionethshire and North Wales Journal, 4 Ion 1916.

3/1/1916, Llandudno: Baro. 29.85 – 29.82 No rain. George and I go chip hunting on the shore to the Little Orme, notice an upset Bathing Van – a remnant of the gale [Beth oedd hela 'chips' tybed? Hel broc coed tan ar y penllanw ar ôl y storm? A beth oedd *bathing van*?]

Dyddiadur Harry Thomas, Nantygamar, Llandudno
LlGC Archifdy Conwy

Wrth ddilyn trywydd un digwyddiad nid yn unig cawn gip ar fywyd cyfnod sydd yn gyflym mynd yn angof; cawn fesur hefyd o ddifrifoldeb effaith fyw y storm ar bobl go iawn o un man i'r llall.

Darllen rhwng y llinellau

8 Gorffennaf 2011

Ar 25 Mehefin 1631 cofnododd Robert Bulkeley o Dronwy, Llanfachraeth, Môn yn ei ddyddiadur fel hyn: '*Vespi I was at Glaslyn. There was tymber newly come from Ireland. Raynie morn.*'

Un o deulu o fân fonedd yr ynys oedd Robert, ac yn ôl ffasiwn ei oes a'i ddosbarth, ac er ei fod yn Gymro yn ôl pob golwg, ysgrifennai yn bennaf yn Saesneg, weithiau yn Lladin, gyda phytiau yn unig yn y Gymraeg. 'Gyda'r nos' a olygai wrth 'vespi' (*vespers* oedd y gwasanaeth eglwys hwyrnos, chwi gofiwch; *matins*, sy'n rhoi 'ers meitin' i ni, oedd y gwasanaeth boreol). Cefais fy nrysu gan 'Glaslyn' – oedd, roedd Aberglaslyn ger Beddgelert yn borthladd yr adeg honno ond buasai taith o ogledd Môn i dde Sir Gaernarfon yn dipyn o gamp i ymofyn coed gyda'r nos heddiw, heb sôn am yn 1631.

Na, roedd Glaslyn Robert Bulkeley yn llawer nes at ei gartref. Wrth bori trwy hen ddogfennau yn archifdy Llangefni gwelais mai enw ar ran o aber afon Alaw, heb fod ymhell o Dronwy, oedd ganddo dan sylw. Mae'n debyg nad yw'r enw'n arferedig yno bellach (ynteu ydi o?), a natur wedi hen ailfeddiannu'r fangre.

Pam felly roedd coed yn cael eu hallforio o Iwerddon i Fôn yn hanner cyntaf yr ail ganrif ar bymtheg? Yn sicr nid yw Iwerddon yn enwog heddiw am ei choed. A byddai cofnod Robert yn awgrymu prinder coed ym Môn yn ei gyfnod, fel sydd heddiw. Ond pam mewnforio coed o'r Ynys Werdd yn hytrach nag o Feirion, un o'r siroedd mwyaf coediog cyfagos yr adeg honno – eto fel heddiw?

Cyfeiriodd Robert yn ddi-feth at y cychod a laniodd yn

y Glaslyn fel *barke*. Math o gwch y glannau neu *coaster*, mae'n debyg, oedd hwn, yn cario o borth i borth, mân a mawr, yn codi a dadlwytho yn ôl y gofyn, y ddwy ochr i'r môr Celtaidd. Byddai'n fath perffaith o lestr i gario coed i borthladdoedd fel aber afonydd Mawddach, Artro a Dwyryd, a Glaslyn gyfagos, wrth gwrs. Gofynnaf eto, pam dod â choed yr holl ffordd o Iwerddon?

Bûm yn cynorthwyo ar un o gyrsiau maes Plas Tan y Bwlch yn ddiweddar, ac ar y bws yn ôl i'r Plas cefais gyfle i drafod cofnod dirgel Robert Bulkeley gydag un o fynychwyr y cwrs – cyfaill o ogledd Iwerddon. Daeth ei esboniad yn syth, yn yr acen Saesneg honno sydd wedi dod mor gyfarwydd i ni ers dechrau gwrthryfeloedd diweddaraf y rhanbarth yn yr 1970au. 'Fy hynafiaid i oeddynt,' meddai. Ei gyndeidiau ef oedd yn gyfrifol am y fasnach hon rhwng Iwerddon a Phrydain yn nechrau'r 17eg ganrif. Dygwyd tiroedd llwythi'r Ui Néil a'r Ui Domhnaill yn Wlster a'u gwladychu gan Brydeinwyr (Albanwyr gan mwyaf) er mwyn rhwystro gwrthryfel gan y Gwyddelod mwyaf ffyrnig yn erbyn rheolaeth Seisnig.

Y Prydeinwyr hyn oedd hynafiaid y cyfaill ar y bws. Mae'n ymddangos iddynt gael eu 'plannu' yno yn raddol dros gyfnod, o 1601 ymlaen, ar gychod a fyddai'n dychwelyd i Brydain yn wag o deithwyr ond gyda chynnyrch ystadau'r coloneiddwyr a oedd wedi ymsefydlu yno eisoes. Llygadu marchnadoedd mwy llewyrchus i'w cynnyrch yn eu mamwlad oedd yn mynd â'u bryd, a choed fel cargo ac fel balast oedd un o'r cynhyrchion hyn. Mae gweddill y stori yn hanes: pedair canrif o ddrwgdybiaeth, drwgdeimlad, dagrau a gwaed. Mae'n stori sydd efallai (ie, dim ond efallai) o'r diwedd wedi troi cornel. [Bu Cytundeb Sul y Pasg yn effeithiol ers 2 Rhagfyr 1999.]

Ychydig a wyddai Robert Bulkeley y byddai'r *barke* llwythog o goed a gyrhaeddodd o Iwerddon trwy'r glaw ar noson o Fehefin yn 1631 yn gychwyn ar hanes na fyddai'n dod i fwcl am hir, hir iawn. Roedd y sgrifen ar y wal i Robert petai o ond yn gallu darllen rhwng y llinellau, ac mae hanes ein cefn gwlad, nid llai na'r trefi, yn rhan annatod o'r gynnen a'r dioddefaint parhaus yn ein cymdeithas.

2020

Pa mor goediog oedd Iwerddon (ac Wlster yn arbennig) o'i chymharu â Môn yng nghyfnod Robert Bulkeley? Unwaith eto rhaid darllen rhwng y llinellau. Yn yr 17eg ganrif a chynt gellir tybio bod Iwerddon yn wlad lawer mwy coediog na chwedyn. Gwyddom i boblogaeth Babyddol Iwerddon dyfu'n gyflym, diolch efallai i faethlonder eithriadol y daten, o lai na thair miliwn cyn 1700 i wyth miliwn yn yr 1840au pan gafodd y boblogaeth ei hanrheithio gan y Newyn Dato. Byddai'r twf yma wedi anrheithio'r coedwigoedd cynhenid hefyd ganrif cyn y Newyn trwy eu gor-ecsbloetio ar gyfer tanwydd gan y werin boblog cyn iddynt orfod troi at y mawnogydd y mae Iwerddon mor enwog amdanynt. 'Fforestydd glaw' oedd y coed hyn i bob pwrpas, mewn hinsawdd Atlantig, a ffafriwyd datblygiad pellach y mawnogydd yn absenoldeb cymharol y coed.

Mae esbonio absenoldeb y gnocell fraith fwyaf yn Iwerddon yn ddyrys. Llun: Dys Griffiths

Mae Iwerddon yn nodedig am absenoldeb nifer o famaliaid ac ymlusgiaid sy'n gyffredin ym Mhrydain a gorllewin Ewrop oherwydd iddynt fethu â chyrraedd yr ynys ar ôl enciliad rhewlif Oes yr Iâ. Ond mae esbonio absenoldeb dwy rywogaeth o aderyn (sy'n gallu hedfan, wrth gwrs), sef y dylluan frech a'r gnocell fraith fwyaf, yn fwy dyrys. Mae'r gnocell wedi cyrraedd Iwerddon (ail-gyrraedd?) bellach yn ystod yr oes fodern. Mae'r rhain yn adar sy'n ffafrio coedwigoedd collddail dwys, ac yn ôl y dybiaeth, yr oeddynt yn bresennol yn y wlad mewn coedwigoedd o'r fath pan oedd Robert yn derbyn ei goed '*newly come from Ireland*'.

Yr unig dystiolaeth hanesyddol bendant o gnocell yn Iwerddon yw asgwrn ffemwr (clun) o'r Oes Efydd. Diflannodd coed Wlster, ynghyd â'u hadar, dan fwyell y gwladychwyr newydd o'r Alban. Y coed hynny, ynghyd efallai â choed wedi eu plannu'n fasnachol ganddynt, gyflenwodd Robert yng Nglaslyn, Môn, ym mis Mehefin 1631. Tybed a yw distiau a thrawstiau tai Cymru o'r cyfnod yn gliw i ni wybod cyfansoddiad coedwigoedd cynhenid Iwerddon?

Cofnododd Robert iddo godi coed o Glaslyn dair gwaith, bob tro ym Mehefin a Gorffennaf 1631 – prosiect adeiladu go fawr, mae'n debyg? Dim ond unwaith y cyfeiriodd yn benodol at Iwerddon yng nghyswllt codi nwyddau a laniwyd yng Nglaslyn, a hynny yn 1631–32 yn unig (dim ond am dair blynedd y rhedodd ei ddyddiadur). Y nwyddau eraill a gododd yno oedd *coles* (Tachwedd, yr unig gofnod o'i fath nad oedd ym mis Mehefin neu Orffennaf), *malt, salt* a 6 *great hoops*.

Aber Alaw: porthladd Glaslyn yn oes Robert Bulkeley.

Ar y tun mae'r bai

25 *Mehefin* 2010

Peidiwch â choelio be mae o'n ei ddweud ar y tun. Cymerwch y brain er enghraifft (... 'ia, plis!' byddai rhai yn ateb!). Mae pum math o frân yn nythu yng Nghymru (heb gyfrif pioden a sgrech y coed sydd hefyd yn frain heb i hynny fod yn amlwg). Gallasai 'brân' olygu brân dyddyn, cigfran, ydfran, brân goesgoch, a hyd yn oed (o bell ac mewn criw) jac-y-do. Mae'r frân goesgoch yn ail i'r barcud coch am statws eiconig cenedlaethol, ac yn gyfyngedig bellach i benrhynnau'r gorllewin ac i ardaloedd chwarelyddol y gogledd lle'r ymgartrefodd yng ngwacterau'r hen gloddfeydd llechi. A oes tystiolaeth y bu'r frân goesgoch yn ymledaenu'n bellach ar un adeg? Ac os aderyn 'Cymreig' ydyw, pam nad oes enw mwy cyson a 'chartrefol' iddi yn y Gymraeg? Y cyfeiriad cynharaf ati yw fel 'brân big goch' yn y flwyddyn 1604.

'...prin yn fwy na chwilod wrth chwyrlio ar awelon yr hanner ffordd'

Pyrrhocorax pyrrhocorax, neu'r frân danllyd, yw ei henw gwyddonol – cyfeiriad at ei phig a'i choesau fflamgoch, mae'n debyg. I Dewi Lewis y mae'r diolch am gasglu enghreifftiau o enwau lleol Cymraeg arni yng nghyfres *Llafar Gwlad*, Gwasg Carreg Gwalch. Casglodd Dewi enwau fel brân Arthur (Môn), brân gochbig, brân Gernyw

(Morgannwg, cyfieithiad o *Cornish chough*, tybed?), brân Iwerddon, brân bicoch (Pen Llŷn), brân Penmaenmawr (Bangor) a palores. Nid yw'r un o'r enwau hyn yn ymddangos i mi yn hynafol nac yn werinol iawn (benthyciad gwallus cymharol ddiweddar o'r hen Gernyweg oedd 'palores'). Bu'r Cymry, mae'n debyg, yn ddigon bodlon i gyfeirio at y frân hon yn syml fel 'brân' yn union fel y bodlonent ar alw pob rhyw greadur bach blewog, boed lyg (*shrew*), llygoden gyffredin (*mouse*) neu lygoden bengron (*vole*) yn 'llygoden' yn ddiwahân.

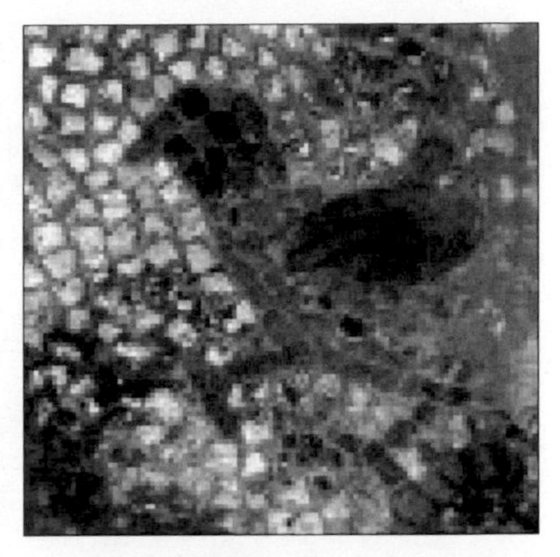

Mosaic Rhufeinig o Ynys Wyth yn dangos brân goesgoch. Oedd y fath aderyn felly yn byw yn yr ardal honno ddwy fil o flynyddoedd yn ôl?

Mae'r un broblem yn codi yn y Saesneg hefyd ac mae'r amwyster yn rhwystredigaeth wrth geisio olrhain hen diriogaeth y frân goesgoch dros ganrifoedd. A oedd hi'n gyfyngedig erioed, fel mae hi heddiw, i barthau gorllewinol y gwledydd Celtaidd, ynteu a oedd hi'n gyfarwydd i werin Lloegr gyfan hefyd ar un adeg?

Mae gan y Saeson eu gair, *chough*, sy'n dwyn i gof yr alwad nodweddiadol, ac mi ddylai hyn awgrymu i'r frân goesgoch fyw a bod yn Lloegr hefyd. Ond jac-y-do oedd ystyr *chough* ar un adeg: '1688, *The Jack Daw, or Daw ... in some places is called a Caddesse or Choff.* Mae'r mosaig Rhufeinig yn Fila Rufeinig Brading, Ynys Wyth, yn dangos brân â choesau a phig coch: roedd y fath aderyn, mae'n ymddangos, yn byw yn yr ardal honno ddwy fil o flynyddoedd yn ôl. Ar arfordir Caint cyfagos, mil a phum cant o flynyddoedd yn ddiweddarach, dyma Edgar, cymeriad yn nrama Shakespeare *Y Brenin Llŷr* (*King Lear*) yn ei bendro ar ben clogwyni Beachy Head yn rhyfeddu wrth wylio'r brain islaw: '*The crows and choughs that wing the midway air show scarce so gross as beetles*'. Mewn sir arall gyfagos, swydd Hampshire, yn 1788, ysgrifennodd Gilbert White, y naturiaethwr a'r dyddiadurwr o Selborne, bod '*Cornish choughs abound, and breed on Beechy Head, and on the cliffs of the Sussex coast*'. Mae 'Cornish chough' yn hollol ddiamwys ond gallasai 'choughs' Shakespeare fod yn jacdoeau. Serch hynny, dyma brawf digonol, dybiwn, i frain coesgoch fyw ar un adeg ym mhellafion de Lloegr (cryfach tystiolaeth ohonynt yn y fan honno, efallai, nag yng Nghymru?).

Ond beth am y parthau rhwng de Lloegr a'r gorllewin Celtaidd? Yng Nghaersallog (Salisbury) sydd fymryn yn nes at yma, bu tafarn yn y 19eg ganrif o'r enw The Chough Inn. Tybed a fu brain coesgoch yn byw ar wastatir Caersallog (Salisbury Plain) ar un adeg? Newidiwyd enw tafarn y Chough i'r Blue Boar ym mhumdegau'r ganrif ddiwethaf. Beth bynnag am y label ar y tun, os oedd enw'r dafarn yn dangos bod brain coesgoch i'w cael yn y parthau hynny ar un adeg, go brin fod yna faeddod gleision yn y cyffiniau heddiw.

2020

Mae'n debyg nad yw'r frân goesgoch yn ennyn yr un casineb gan wladwyr o bob math ag yw brain tyddyn, cigfrain a phiod – a does yr un rheswm iddynt wneud chwaith. Chwilod a phryfed eraill mewn porfa yw eu hunig fwyd, ond does wybod faint ohonynt dros y blynyddoedd a gafodd eu pardduo ar gam fel 'brain' diwahân.

Gwan o hyd yw ein dealltwriaeth o ymlediad hanesyddol yr aderyn hardd hwn. Cymerodd yn gryf at chwareli llechi i nythu ynddynt, ond oherwydd ei hangen am lecyn cysgodol a tho drosto i'r perwyl hwnnw, go brin y bu mynyddoedd Eryri yn gwneud y tro cyn dyfodiad y diwydiant cwta ddwy ganrif yn ôl. Yn rhyfeddol, efallai, mae ei delw i'w gweld ar arfbais Sir Fflint, sir na chysylltir heddiw â'r frân goesgoch o gwbl. Mae llawer i'w ddysgu eto.

Pa Frân?

Mae 5 brân ddu i'w cael, un ddu a gwyn, ac un binc – pob un â llais cras ond yn hawdd gwahaniaethu rhyngddynt.

Bran dyddyn: hon sy'n dwyn wyau ac yn aflonyddu ar ddefaid ac ŵyn. Mae'n nythu ar ei phen ei hun.

Cigfran: y mwyaf o'n brain. Nythu yn unigol ar glogwyn môr neu goeden uchel. Rowlio ar ei chefn yn aml wrth hedfan.

Jac-y-do: y mwyaf cysylltiedig â thai pobl. Gwar llwyd-olau a llygaid llwydaidd treiddiol. Y lleiaf o'n brain.

Brân goesgoch: pig coch main a choesau coch. Hoff o nythu mewn hen adeiladau gyda rhyw fath ar do uwchben. Prin, ond mae Cymru yn nodedig amdanynt ar lan y môr neu mewn hen chwareli. Y llais mwyaf 'swynol' o'r grŵp.

Ydfran: yr unig frân sy'n siafio (dim plu rhwng y pig a'r llygaid, i hwyluso turio porfa am bryfed) ac yn gwisgo trowsus (plu yn cuddio'r morddwydydd). Byw'n gymdeithasol.

Pioden: du a gwyn, cynffon hir. Cynnal 'ffeiriau caru', sef cyrchoedd o hyd at 15 neu fwy o unigolion. Dwyn wyau adar eraill.

Sgrech y coed: lliwgar, pinc o gorff gyda chrwmp wen a bôn yr adain yn las trawiadol. Casglu a chladdu mes at y gaeaf.

Diwrnod da o waith ...

2010

Yn ei dyddiadur* cofnododd Annie Robinson, ymysg llawer o drysorau eraill (gweler y golofn hon yn *Y Cymro* 13 Tachwedd 2009), restr o blanhigion a welodd o gwmpas Penllyn, Llanberis, yn haf 1912. Roedd y planhigion a welodd yn gymysgedd o rai sy'n tyfu'n gyffredin yn yr ardal heddiw (e.e. eithin, gwern a ffa'r gors); rhai sydd yn annhebygol o fod yn tyfu yno heddiw er eu bod yn gyffredin mewn rhai ardaloedd yn y gogledd, ond a allasai fod yn tyfu yn nyffryn Llanberis yn ei chyfnod hi (e.e. llyriad y dŵr *Alisma*); ac yn drydydd, planhigion, mi dybiwn, oedd wedi eu camenwi ganddi (e.e. *Valisneria*). Nododd un planhigyn – y *willow saffron* – nad oes gennyf mo'r syniad lleiaf beth a olygai.

Nododd, casglodd a gwasgodd y planhigion hyn yn ôl arfer merched ei chyfnod. Gresyn nad yw ffrwyth ei llafur ar gael o hyd i'w gwirio fel sbesimenau sychion rhwng dalennau llyfr blodau gwasgedig. Geiriau yn unig bellach sydd yn ein cysylltu â'i byd, a geiriau yn ogystal â sbesimenau byw a marw yw *stock-in-trade* y naturiaethwr.

A'u cymryd yn eu tro a'u trefn: ym mannau gwlypaf y corstir rhwng Penllyn Padarn a hen lyn Bogelyn ger Cwm y Glo y tyfai ffa'r gors, fel y bu'n tyfu yno erioed ac fel mae'n siŵr ei fod yn tyfu yno heddiw. Mae tair dalen y planhigyn hwn yn ymdebygu'n rhyfeddol i ddail ffa, a phetalau gwyn ei flodau o ansawdd lliain baddon. Mae'r *Alisma* – yr hwn a dybiais oedd *Alisma plantago-aquatica* (neu llyriad y dŵr yn ein geirfa lysieuol heddiw) yn weddol gyffredin mewn corsydd mwy calchog na'r math o fign sur a geir yn nyffryn Llanberis, ond pwy a ŵyr am y sefyllfa ganrif yn ôl?

Ond wedi meddwl, mae 'na blanhigyn tebyg sydd yn perthyn yn agos i lyriad y dŵr a elwir heddiw yn *Luronium natans,* sef llyriad y dŵr arnofiol. Cafodd hwn ei gofnodi yn ddiweddarach gan y botanegydd Andy Jones ger Llyn Padarn. Cyfrol *Genera Plantarum* Bentham a Hooker oedd y llawlyfr mwyaf awdurdodol ar gael yn 1912 ac ar ôl ymchwilio ynddo, dysgais mai enw *Luronium natans* ar y pryd oedd *Alisma natans.* Dyma edrych ymhellach a chanfod bod y botanegydd lleol J. Griffiths wedi ei gofnodi cyn 1895 'in a rivulet that runs past the castle into the lake'. Roedd Annie Robinson, mae'n debyg, yn llygad ei lle – bu'r planhigyn felly yn tyfu'n ddi-dor yma am o leiaf 115 o flynyddoedd.**

Heb yr enwau Lladin ar blanhigion ac anifeiliaid, a'r ddealltwriaeth o esblygiad ynghlwm wrth yr enwau hynny, ni fyddai'n bosibl olrhain eu hanes o gwbl – gair i gall i'r [diweddar erbyn hyn] gyfaill Gwilym Owen a'i debyg yn dilyn trafodaeth helaeth ddiweddar ar y pwnc. [Tydw i ddim yn cofio erbyn hyn union natur y drafodaeth honno ond gallaf ddychmygu ei bod yn ymwneud ag oferedd y pwnc i Gymry Cymraeg!]

Mae'r cyfeiriad at *Valisneria* neu ruban y dŵr yn ddiddorol, ac yn fwy annelwig. Fy unig gof ohono yw ei brynu mewn siop bysgod trofannol i addurno acwariwm. Dywed ein llyfrau arbenigol heddiw mai prin ac achlysurol ydyw fel planhigyn gwyllt, yn tyfu mewn dŵr sydd wedi ei dwymo – amodau fyddai'r nesaf peth at amhosibl yn nyffryn Llanberis yn 1912. Cyfeiriodd Annie hefyd at *Elodea,* planhigyn dŵr arall a gyrhaeddodd wledydd Prydain o ogledd America yn 1842 i berwyl tebyg. Tybed a fu Annie yn cadw rhyw fath o danc pysgod yn ei chartref yn Crewe ganrif yn ôl, fel yr oeddwn innau acw yn y Waunfawr hanner canrif yn ddiweddarach, ac mai hwnnw a barodd iddi ddrysu planhigyn yn Llanberis nad oes gobaith erbyn hyn i ni wybod beth ydoedd, a'r chwyn tanciau pysgod *Valisneria* mwy cyfarwydd iddi? Mae gan Natur ei orffennol hefyd ... a'i ddyfodol.

**A Week's Work in Wales,* llawysgrif gan Annie Robinson, bellach yn eiddo i Arwyn Roberts o Lanrug, a ysgrifennwyd tra oedd hi ar gwrs daearyddiaeth yn Llanberis gydag ysgol neu goleg yn Crewe, swydd Caer, yn 1912.

**Mae *Luronium natans* bellach yn cael ei guradu mewn gardd warchodol yn llanberis oherwydd ei brinder.

2020

Nid yw rhuban y dŵr yn gynhenid i Brydain. Os cywir oedd dyfarniad Annie, byddai'r fath blanhigyn lled-drofannol yn llynnoedd Llanberis yn rhyfedd iawn, ond hyd yn oed os yw'n anghywir, onid yw cyfarwydd-der merch dosbarth canol yn ei harddegau yn 1912 â phlanhigyn o'r fath yn awgrymu ffasiwn o gadw tanciau pysgod trofannol yn nyddiau cynnar cyflenwad cyhoeddus o drydan? Mae cofnodion natur fel hen win – yn ymgyfoethogi gydag amser!

Myfyrwyr o Crewe ar ymweliad maes yn aros yn Tŷ Du, Lôn Clegyr, Llanberis.
Llun: Eco'r Wyddfa

Byd Annie Robinson

Roedd Annie Robinson yn amlwg yn fyfyrwraig ddiwyd a chydwybodol. Yn sicr roedd ganddi gyfeirlyfr o safon, fel cyfrol Bentham a Hooker, wrth law ac yn rhoi cynnig teg ar adnabod y planhigion ym

Mhenllyn a llawer man arall ar ei hymweliad â Llanberis. Ysgwn i pa yrfa a ddilynodd ymhen hir a hwyr?

Cafodd y gyfrol ysgolheigaidd honno ei holynu gan ddwy arall dros y ganrif ddiwethaf, sef *Flora* Clapham, Tutin & Warburg, a chyfrol swmpus arall gan Clive Stace. Roedd y naill yn ei thro yn ddiwygiad ar yr un o'i blaen o ran ein dealltwriaeth o dacsonomeg (perthynas esblygiadol y planhigion), dosbarthiad (lle maent i'w cael) a statws (pa mor gyffredin ydynt). Mae'r diwygio ar droed o hyd, ac yn cyflymu hyd yn oed, gyda chamau mawrion yn digwydd yn sgil y chwyldro yn ein gallu i ddarllen 'olion bysedd' DNA holl organebau'r byd byw.

Roedd Annie hefyd yn ferch, wrth gwrs, ac yn ferch o'i chyfnod, sef yr oes Edwardaidd ac oes y Frenhines Fictoria y ganrif gynt. Dyma'r cyfnod pryd y disgwylid i ferched ymhél â botaneg fel difyrrwch parchus, diniwed. Dynion fyddai'n datblygu'r gyfundrefn fawr yn y prifysgolion, dynion fel George Bentham (1800–1884) a Joseph Hooker (1817–1911), a weithredai ar y lefel uchaf yn y byd Seisnig. Tybed pa gyfleoedd ddeuai i ran Annie Robinson a'i thebyg gyda threigl y ganrif? A phryd, tybed, ddaw'r un cyfleoedd i'r Cymry?

Cadw ein llygad ar y bêl

5 *Awst* 2011

Nid yw'n brofiad anarferol i'r rhai sy'n credu eu bod nhw'n arloesi yn eu maes i ddarganfod yn fuan nad ydynt yn arloesi o gwbl, ond yn gweithredu fel rhan o don sy'n cyniwair ac yn torri o'u cwmpas p'run bynnag. Rhyw brofiad felly ddaeth i'n rhan ninnau ar ôl i ni gyhoeddi rhestr o enwau Cymraeg ar y gwyfynod yn 2002 ar ran Cymdeithas Edward Llwyd (y drydedd gyfrol yn 'Cyfres Enwau Creaduriaid a Phlanhigion', yn rhestru enwau safonol ar rywogaethau cynhenid).

Bu naturiaethwyr y byd mawr Saesneg yn ceisio rhannu eu gwybodaeth a'u profiad gyda chynulleidfa ehangach yn yr iaith fain ers tro, trwy gasglu, bathu a safoni enwau ar greaduriaid nad oedd arnynt cyn hynny, yn aml, ond enwau Lladinaidd astrus. Bu'n egwyddor gennym o'r cychwyn, wrth i ni safoni enwau Cymraeg, i ddefnyddio enwau neu ffurfiau ar enwau sy'n bodoli eisoes cyn belled ag y bo modd. Yn wahanol i'r sylfaen cyfoethog fu ar gael i ni o enwau Cymraeg ar y planhigion ac anifeiliaid, doedd dim deunydd crai o'r fath fel cynhorthwy i ni yn achos y gwyfynod o gwbl, ar wahân i'r enw diweddar 'gwalchwyfyn', a phrin iawn oedd yr enwau yn achos y gloÿnnod byw.

Gwalchwyfyn llygeidiog: un o'r creaduriaid sydd yn newydd i'r eirfa Gymraeg.

Er hynny, etifeddwyd o Oes Fictoria restr gyflawn, gyfoethog a hir-sefydledig o enwau Saesneg ar y gwyfynod amlycaf. Arloeswyr y maes hwn oedd ficeriaid a rheithoriaid Eglwys Loegr y cyfnod – roedd gan weinidogion anghydffurfiol Cymreig well pethau i'w gwneud, mae'n amlwg! Rhaid oedd dibynnu ar yr enwau Saesneg hyn wrth lunio'r rhestr enwau Cymraeg. Roedd diffyg enwau gwyfynod yn y Gymraeg yn fendith ac yn felltith: yn fendith oherwydd i ni ddechrau, fel y Fictoriaid gynt, gyda llechen lân; yn felltith oherwydd mai'r unig ffynhonnell flaenorol oedd ar gael i ni oedd y Saesneg a'r Lladin. Pam fod yna enw safonol Saesneg ar bob math o wyfyn mawr a'r Cymry Cymraeg hwythau erioed wedi gweld yn dda i enwi'r un ohonynt tan rŵan? Beth bynnag y rheswm am hynny, wrth enwi'r gwyfynod am y tro cyntaf yn hanes y Gymraeg rydym o'r diwedd yn ehangu ein gorwelion i gwmpasu'r rhannau hynny o'r Cread sydd wrth ein traed!

Efallai nad yw'n hollol wir i ni ddechrau gyda llechen lân ym myd y gwyfynod. Y cyntaf i lunio rhestr o rywogaethau'r grŵp hwn oedd y naturiaethwr Dafydd Dafis, sylfaenydd Cymdeithas Edward Llwyd, yn yr 1980au. Er na chafodd unrhyw ieithydd y cyfle i fwrw ei linyn mesur drosti (fel y penderfynwyd yn ddiweddarach sydd yn angenrheidiol cyn cyhoeddi unrhyw restr), Dafydd Dafis sefydlodd 'pwtyn' am '*pug*', 'brychan' am '*carpet*' a 'troedwas' am '*footman*', a bu'r enwau hyn yn aml yn fan cychwyn i'n gwaith ni. Dafydd oedd y prif arloeswr, a ninnau ond yn mireinio yn ein rhestr ni mewn cyfnod pan oedd y byd cadwraeth a chyfundrefnau biwrocrataidd cefn gwlad yng Nghymru yn clochdar am eirfa Gymraeg yn y byd newydd swyddogol ddwyieithog sydd ohoni.

Yn absenoldeb enwau Cymraeg ar y gwyfynod bu'n rhaid troi at yr enw Saesneg neu at y Lladin gwyddonol i gael y maen i'r wal, ond gan beidio byth â cholli golwg ar gymeriad y creadur ei hun. Ein rôl ni fel naturiaethwyr (Twm Elias, Huw John Huws a minnau) sydd â phrofiad byw o lawer o'r rhywogaethau, oedd cadw ein llygaid yn dynn ar y bêl, fel petai, a cheisio sicrhau i'r creaduriaid hyn ddod yn fyw trwy eu henwau.

Mi fuasem yn llai na dynol i beidio cael ein temtio i gyfieithu neu addasu ambell enw ffansïol a deniadol yn y Saesneg. Gwyfyn hardd iawn yw'r hyn a eilw'r Saeson yn *herald*, a bu'n rhaid wrth ymchwil i ddarganfod beth yw tarddiad yr enw hwn. Penderfynasom ar yr enw 'surcod' yn y Gymraeg, gan mai cyfeiriad yw *herald* at siaced liwgar yr herald gynt, un a wisgai dros ei lifrai mwy cyffredin fel *surcoat* neu surcod. Edrychwch ar y creadur a chwi a welwch! Enw ffansïol arall yw 'Ethiop' am y gwyfyn sydd ag enw Saesneg llawn mor ffansïol (the old lady, *Mormo maura*). Yn yr achos hwn dewiswyd addasu'r enw Lladin, sy'n cyfeirio at berson tywyll ei groen, '*moor*'. Ym Meibl William Morgan, Ethiop oedd person o'r fath – a dyna fu!

Ond yn achos mwyafrif helaeth y rhywogaethau, dewiswyd trefn enw ac ansoddair ar batrwm Linneaidd i geisio cyfleu perthynas dacsonomegol y rhywogaeth gyda'i berthnasau yn yr un genws, teulu neu urdd. Yn wir, mewn un achos gwnaethpwyd i ffwrdd â'r enw ffansïol Cymraeg diweddar ar un glöyn byw yn gyfan gwbl, sef 'boneddiges y wig', am nad yw'n perthyn yn arbennig i'r wig, ac am nad yw'n foneddiges mewn unrhyw ystyr gyffredin o'r gair hwnnw. *Orange tip* yw'r enw Saesneg, glöyn o deulu'r gwynion; y mae'r gwryw yn meddu ar flaen-adenydd oren llachar, amlwg. Bathwyd felly, o'r newydd, yr enw 'gwyn blaen oren', am ei fod yn perthyn i deulu'r gwynion (y *Pieridae*) ac yn meddu ar adenydd oren llachar. Doedd dim dewis – a threchwyd y ffansi gan ffaith!

2020

Yr Ethiop (the old lady, *Mormo maura). Dilynwyd yn yr achos hwn yr enw Lladin, sy'n cyfeirio at berson tywyll ei groen,* 'moor.' *Ym Meibl William Morgan, Ethiop oedd person o'r fath – a dyna fu! Llun: Ian Keith Jones*

Pam bathu a safoni enwau Cymraeg ar fywyd gwyllt? Mae profiad pob cenhedlaeth yn wahanol i'r genhedlaeth a fu. Mae pob oes hefyd yn wahanol, ac mae cyflymdra'r newid yn cynyddu. Meddyliwch, mae'r daearegwyr wedi bedyddio ein 'heddiw' fel Oes yr Anthroposîn – yr oes lle mae'r blaned bellach, er gwell neu waeth, ar drugaredd y Ddynoliaeth. A hynny am y tro cyntaf yn ei hanes.

Ac mae iaith yn newid hefyd mewn ymateb i anghenion newydd ei siaradwyr. Hyd yn ddiweddar ni welodd y Cymry unrhyw angen i wahaniaethu rhwng un gwyfyn a'r llall, un glöyn byw a'r llall, un gwas neidr ac un arall. Ond a ninnau bellach yn wynebu argyfwng ecolegol a thranc rhywogaethau ar bob llaw ac ar bob cyfandir, mae'n rheidrwydd arnom i ddechrau dysgu mymryn am y bywyd rydym yn rhannu'r hen blaned yma gydag o, yn lle ein bod ni ar y gorau yn ei anwybyddu ac ar y gwaethaf yn ei weld yn rhywbeth i'w drechu a'i ddifa.

Mae yna do newydd o naturiaethwyr bellach sydd am ddilyn eu crefft trwy'r Gymraeg. Bu'n llyffethair ddifrifol arnynt nad oedd geirfa gyflawn iddynt. Mae'r Bywiadur, rhan o brosiect Llên Natur Cymdeithas Edward Llwyd, yn ceisio mynd i'r afael â'r diffyg hwn. Ac yn llwyddo!

Ffynonellau enwau Cymraeg safonol

Mae'n bwysig i ni ddefnyddio'r enwau sydd i'w cael yn yr isod, er mwyn cyffredinoli'r defnydd o dermau safonol Cymraeg.

Y Bywiadur (adran o wefan Llen Natur)

Mae'n cynnwys ffrwyth gwaith Panel Enwau Cymdeithas Edward Llwyd hyd yma (gan gynnwys holl adar y byd!). Mae'r enwau hyn yn nodedig oherwydd y ddau fath o arbenigedd sydd wedi eu trafod, yr arbenigwyr pwnc a'r arbenigwyr iaith. Mae rhai rhestrau (y planhigion ac adar Prydain) hefyd yn cynnwys enwau amgen (enwau hanesyddol, rhanbarthol, tafodieithol).

Cyfres Enwau Creaduriaid a Phlanhigion:

1. *Creaduriaid Asgwrn Cefn*
2. *Planhigion Blodeuol, Conwydd a Rhedyn*
3. *Gwyfynod, Gloÿnnod Byw a Gweision Neidr*
4. *Ffyngau*

Mae'r rhain ar gael am bris rhesymol trwy Gymdeithas Edward Llwyd.

Duw a greodd – Linn*aeus a drefnodd*

15 M*ehefin* 2007

Y syniadau mwyaf pwerus yn aml yw'r rhai symlaf. Mae syniad mawr Trechaf Treisied Charles Darwin yn syndod o syml i'r sawl a gymer bum munud i'w ystyried. Does wybod pam na welodd syniadau o'r fath olau dydd ymhell cyn y gwnaethant.

Union dri chan mlynedd yn ôl, a chanrif dda cyn Charles Darwin, cafodd Swediad o'r enw Carl Linnaeus ei eni mewn bwthyn to-tywyrch dirodres. Yn ddyn, cafodd yntau hefyd syniad syml a chwyldrôdd ein ffordd o feddwl am y byd byw byth oddi ar hynny, ac fe baratôdd ei syniad y ffordd i weledigaeth fawr Darwin.

Syniad Linnaeus oedd enwi (hyd y gallai yn yr oes honno) holl rywogaethau'r byd byw mewn ffordd systematig a chyson. Cyhoeddwyd y system hon ganddo fel *Systema Naturae* yn 1758. Grym Google yw cyrchu'r enwau hyn mewn ffyrdd ffres a thrwy hynny eu haildrefnu i amlygu cydberthyniadau newydd ac annisgwyl rhyngddynt.

Cyn Linnaeus buasai anifeiliaid a phlanhigion yn cael eu henwi a'u categoreiddio, os o gwbl, yn ôl eu defnyddioldeb. Yn ôl eu rhinweddau meddygol tybiedig yr adwaenai'r hen bobl eu planhigion, er enghraifft, nid yn ôl unrhyw briodoleddau ffisegol. Ac os nad oedd defnydd, neu 'bechod', yn perthyn i greadur, yna ni chafodd ei barchuso ag enw o gwbl. Parhaodd y mympwy hwn yn yr ieithoedd byw tan heddiw.

Yn wir, nid tan ddeng mlynedd yn ôl y rhoddwyd enw Cymraeg ar y creaduriaid cyffredin hynny a elwir yn *voles* yn Saesneg. Y llygod pengrwn ydynt erbyn hyn.

Llygoden bengron y gwair

Ar un wedd, hyd nes y bydd gan greadur enw, nid yw'n bod. Newidiodd Linnaeus bopeth. Fel na fyddai'n pechu nac yn ffafrio unrhyw ddiwylliant, defnyddiai'r Lladin 'farw'. Nid oedd unrhyw organeb yn rhy ostyngedig na'r un anifail yn rhy ddyrchafedig i haeddu enw, a hynny'n cynnwys Dyn ei hun (dipyn o ddweud yng nghanol duwioldeb y ddeunawfed ganrif, ond cofiwn i Linnaeus gael ei eni ar ddechrau chwyldro syniadol Cyfnod yr Ymoleuo). *Homo sapien* oedd enw Dyn yn y *Systema.*

Oedd, mi oedd y byd erbyn hynny yn barod i dderbyn mai anifail ymysg anifeiliaid oeddem ni. Nid oedd hynny'n tramgwyddo syniadau am y Creu fel y byddai Syniad Peryglus Darwin ganrif yn ddiweddarach. Ac mae'r enw bach cartrefol hwn amdanom yn dangos llawn cystal ag unrhyw enw arall yn y Systema sut mae'r system yn gweithio. Yr enw generig (rhyw fath o enw teuluol), yw'r enw cyntaf, a hwnnw bob amser yn cychwyn gyda llythyren fawr. Yr enw rhywogaethol unigryw yw'r ail enw, ac ni fydd hwnnw fyth yn cychwyn efo llythyren fawr. '*Deus creavit, Linnaeus deposuit*,' ymffrostiodd Linnaeus unwaith. 'Clywch, clywch' meddwn innau dair canrif yn ddiweddarach.

2020

Yn ei *Imperium Naturæ*, sefydlodd Linnaeus dair teyrnas, sef *Regnum Animale, Regnum Vegetabile* a *Regnum Lapideum* (mineralau), rhaniad sydd yn y bôn yn parhau yn y meddylfryd poblogaidd hyd heddiw. Ystyriai lefelau uwch ei system, sef teyrnas (ee. *Animalia*: anifeiliaid), dosbarth (ee. *Aves*: adar) ac urdd (ee. *Piciformes*: cnocellod) yn ddyfeisiadau artiffisial, tra gwelai ei lefelau is, sef genws (ee. *Picus*) a rhywogaeth (ee. *Picus viridis*: cnocell werdd) yn rhodd gan Dduw neu'n 'naturiol'. Y bwriad oedd creu system o rengoedd a fyddai'n hawdd eu cofio a mordwyo drwyddynt. Cytunir ei fod wedi llwyddo yn hynny o beth ac fe bery ei system yn ei hanfod hyd heddiw.

Dyddiadur mordaith Capten David Thomas, Llandwrog

11 Rhagfyr 2009

Am hanner dydd ar 16 Ionawr 1884, cychwynnodd llong Capten David Thomas o Benbedw ar fordaith hir, ac erbyn canol y prynhawn roedd hi'n pasio Ynys Enlli mewn tywydd braf ond gwyntog. Roedd cofnod Thomas o'r daith (yn Saesneg) yn hynod o fanwl, hir a diddorol, a dyma drosiad o'r ddwy dudalen gyntaf:

> **17 Ionawr:** am ddau o'r gloch gwelsom oleudy ynys fach Enez Eussa (*the Ushant light*) oddi ar arfordir Llydaw yn fflachio, ddwywaith yn wyn ac unwaith yn goch. Roedd y teithwyr yn dioddef o salwch môr.
> **26 Ionawr:** copa mynydd Tenerife (Mynydd Teide) i'w weld dan orchudd o eira. Cafodd un o'r teithwyr bysgodyn asgellog droedfedd o hyd ar fwrdd y llong.

(Yn 1336 daeth gŵr o'r enw Lanzarote Malocello ar draws un o ynysoedd mwyaf yr Ynysoedd Dedwydd, yr ynys sydd yn dwyn ei enw o hyd. Fe'i lladdwyd gan y brodorion, y Guanches, pobl o dras Berber mae'n debyg, a'r genedl gyntaf i'w dileu ar allor imperialaeth Ewropeaidd. Diolch i gaethwasiaeth a chlefydau heintus y goresgynwyr, roedden nhw wedi hen ddiflannu erbyn oes David Thomas, a dim ond ambell air o'u hiaith yn y Sbaeneg lleol sydd yn tystio i'w bodolaeth erbyn hyn.)

> **29 Ionawr:** ar ôl cyrraedd ynysoedd Sant Vincent y Cap de Verde fil o filltiroedd ymlaen i'r de, ymadawodd rhai o'r teithwyr â'r llong. Daeth cychod bach lleol at ei

hochr yn llawn ffrwythau [*manned by niggers* yn y gwreiddiol], rai ohonynt yn noethlymun. Difyrrai'r teithwyr eu hunain trwy daflu darnau o arian dros yr ochr er mwyn gwylio'r bechgyn bach yn plymio ar eu holau, er bod y dŵr yn llawn o siarcod. Ffeiriodd y criw beth cig am orenau cyn symud ymlaen i'r de.

Mynydd Teide, Tenerife dan orchudd o eira yn dilyn storm enfawr ar 4 Mawrth 2013. Ai dyma welodd y Capten Thomas yn Ionawr 1884? Llun: (Y diweddar) Ieuan Roberts

30 Ionawr: canfuwyd bod un o'r bobl leol wedi cuddio ei hun yn y glo ac fe'i danfonwyd i ddec isaf blaen y llong i gael ei brydau a gweithio gyda'r morwyr ar y dec. Llwyddodd rhai o'r criw i ddwyn bwnsied o fananas oddi wrth y teithwyr Trydydd Dosbarth.

14 Chwefror: heibio Quarantine Island, a Montevideo; dau neu dri o deithwyr yn ceisio saethu adar môr gyda dryll [*fouling piece* yn y gwreiddiol], ond ni lwyddasant i lorio'r un ohonynt er eu bod mor agos atynt â hanner hyd y llong. [Cafodd hyn i gyd ei gofnodi heb na chymeradwyaeth na cherydd gan Thomas].

17 Chwefror: oddi ar arfordir yr Ariannin, wrth edrych trwy fy ysbienddrych i gyfeiriad y tir, gallwn weld dwy neu dair coelcerth gyda hanner dwsin o Batagoniaid yn cerdded o'u cwmpas.

Roedd y Cymry eisoes wedi ymsefydlu yn y Wladfa yng nghyfnod Thomas, wrth gwrs, ond ni soniodd amdanynt. Yn yr un flwyddyn awdurdododd Cyngres Ariannin i gwmni Lewis Jones adeiladu rheilffordd y Ferrocarril Central del Chubut, Rheilffordd Ganolog Chubut, i gysylltu Porth Madryn a Threlew, ac a gafodd ei chodi maes o law. Ai aelodau'r llwyth Tehuelche a welodd Thomas trwy ei ysbienddrych, llwyth a oedd eisoes yn mynd yr un ffordd â'r Guanches er mor gyfeillgar oedd yr ymsefydlwyr Cymreig â nhw, yn ôl eu mytholeg eu hunain? O'r gair Tehuelche *chupat* (tryloyw) y daw'r enw 'Chubut'. Un o draddodiadau'r Tehuelche yw llosgi holl eiddo eu hymadawedig. Tybed ai'r coelcerthi angladdol hyn a welodd Thomas y diwrnod hwnnw? Gresynodd nad oedd goleudy i'w gael yn y cyffiniau hyn cyn hwylio ymlaen i Gulfor Magelan a Valparaiso ar fôr fel llefrith ar 18 Chwefror 1884.

Gyda diolch i Archifdy Gwynedd

2020

Mynydd uchaf Sbaen, ar ynys Tenerife yng Nghefnfor yr Iwerydd, yw Teide. Mae'n cael gorchudd blynyddol o eira, ond fel mynydd ar yr un lledred â'r Sahara mae'n debyg bod unrhyw newid yn amlder, pryd (pa fisoedd), hoedledd a maint y gorchudd arno yn werth ei gofnodi. Mae'r ynysoedd hyn yn gyrchfan gwyliau i Gymry ac mae yna gasgliad o luniau a chofnodion o Tiede dan eira a heb eira. Beth am roi gwerth i'r hen luniau gwyliau yna, ac i ymwelwyr a chyn-ymwelwyr rannu eu lluniau gwyliau o Tiede ar Llên Natur? Fel y gwelsom o gofnodion tymor Les Larsen o eira cyntaf Eryri (tud. 25) gallai Tiede fod yr un mor ddadlennol o gyfrinachau Newid Hinsawdd.

Y *diwydiant trin lledr*: *y bwrlwm bellach yn angof*

2010

Gwelai'r gwanwyn cynnar brysurdeb mawr ar un adeg yng nghoedwigoedd Cymru. Dyma pryd yr oedd sudd y coed yn codi, a rhisgl y dderwen o'r herwydd yn haws ei blicio. Yma yng ngorllewin Ewrop, defnyddiwyd rhisgl derw i 'biclo' neu dannu lledr ers y Canol Oesoedd o leiaf, diolch i'r taninau asidig sy'n rhan o gyfansoddiad y dderwen yn fwy nag unrhyw un o'n coed cynhenid eraill. Mae'n un o'n diwydiannau coll erbyn hyn, ac aeth rhialtwch a miri'r gwaith yng nghanol heulwen ffres y gwanwyn bellach yn angof.

Ymunai pawb yn y cynhaeaf gyda chlecian y pilbrenni'n diasbedain rhwng y boncyffion o fore gwyn tan nos. Meddai Francis Kilvert, rheithor Cwm Cleirwy, ar 24 Ebrill 1872;

> ... the country is filled with the ringing strokes of the chopping axes. We heard their sturdy strokes from the Castle Clump after it had grown dark. The men were working late felling oak, as the sap is running fast and the bark strips well.

Roedd mwy nag un ffordd o risglo coeden. Yn ardal Llanymddyfri câi coeden ei rhisglo ar ei thraed, gyda'r merched yn gweithio ar ysgolion a'r dynion ifanc mwy mentrus yn cwblhau'r gwaith ymhlith y canghennau uchel. Dro arall, torrid y goeden o flaen llaw cyn i bawb fynd, am y cyntaf, i risglo drostynt eu hunain. Dim ond enwau lleoedd sydd gennym yn gof bellach o'r diwydiant rhisglo – enwau fel Erw'r Barcws (Sir Amwythig), Gwern y Rhisg

(Llanrwst), Hafod y Rhisg (Llanfaglan a Beddgelert), Rhisga (Caerdydd, mae'r enw hwn yn mynd yn ôl i 1330), Barcdy (Talsarnau), Tŷ'r Barcer (Fflint), Nant Rhisgiog (Maldwyn), Rhiw Rhisgien (Caerfyrddin) a myrdd o rai eraill. Ac mae hen felin risglo tref Rhaeadr ei hunan wedi ei 'phiclo' erbyn hyn yn Amgueddfa Sain Ffagan.

Gellid maddau i hogyn o sir ddi-goed fel Môn, hyd yn oed yn anterth y diwydiant, am beidio gwybod nemor ddim amdano (er i mi ddod o hyd i ddau 'Barcdy' yn y sir honno, hyd yn oed). Ond roedd John Prytherch Parry (1869–1933) o Garreg Ceiliog Bach, Bodorgan, yn ddi-os yn ddyn o Wlad y Medra – dyn a allai droi ei law at wneud unrhyw beth ('heblaw nyth aderyn bach', wrth gwrs). Brawd i nain cyfaill i mi o'r un ardal oedd John Prytherch Parry ac fe aeth allan i dde India a gwneud ei ffortiwn. Roedd yn ddyn busnes llwyddiannus yno hyd yn oed cyn iddo brynu'r 250 acer o goed mimosa oddi wrth Almaenwr o Dde Affrica gyda'r bwriad gwreiddiol o'i droi yn dir hela. Yr enw cyffredin ar y coed hyn oedd *wattles*, math o Acacia, coeden a ddaeth o Awstralia ac a oedd yn gnwd pwysig yn Ne Affrica am yr un rheswm ag yr oedd y dderwen yn bwysig yn ein tanerdai ni. Y blanhigfa hon oedd y gyntaf i'w sefydlu yn India a pharhaodd Parry i dyfu'r mimosas i gyflenwi'r gweithfeydd lledr ym Madras.

Ar gorff Otzi, yr heliwr enwog o Oes yr Efydd a ddaeth i'r fei yn rhew Alpau'r Eidal yn 1991, yr oedd saith o wrthrychau lledr (a dim ond un o fetel) at ei gynhaliaeth. Ymddengys fod lledr yn llawn mor bwysig â metel iddo, a bu'r briodas gemegol hynafol rhwng ffenolau planhigion a cholagen crwyn anifeiliaid – hanfod trin lledr gyda rhisgl mâl – o bosib yn gyfarwydd mor bell yn ôl â hynny. Hela oedd crefft gyntaf dynol ryw, nid ffermio na choginio, ac roedd trin lledr yn ail agos.

2020

Yn ei gyfrol nodedig *Diwydiannau Coll* (1943) mae Bob Owen yn neilltuo hanner tudalen i gofnodi gwaith y diwydiant rhisglo o'r 18fed ganrif ymlaen ac fe gyflwyna ddyrnaid o daliadau am wasanaethau perthnasol o ganol yr hen ganrif am goed a hanai o Stad y Penrhyn. Mae'r rhain, meddai, yn rhoi 'syniad egwan i ni o ehangder y fasnach hon gynt'. Doedd holl adnoddau cyfrifiadurol ein sefydliadau archifol ddim ar gael ar flaen bysedd Bob Owen, wrth gwrs, ac mae cronfa ddata ar-lein enwau lleoedd Archif Melville Richards Prifysgol Bangor bellach yn gallu olrhain y diwydiant trwy ein henwau lleoedd i gyfnodau sawl canrif ynghynt (gwaith ymchwil oes wedi ei wneud cyn panad pnawn!)

Mae cronfa Melville Richards yn dangos trwy 35 o enwau lleoedd sy'n cynnwys yr elfen 'barc', a 12 o enwau sy'n cynnwys yr elfen 'rhisg', fod y diwydiant yn llawer hŷn na'r hyn mae Bob Owen yn ei honni a'i fod yn ymddangos yn llawer mwy llewyrchus yn y gogledd nag yn y de. Oedd M.R. mewn rhai achosion rywsut yn ffafrio enwau'r gogledd? Oedd pobl y de yn defnyddio terminoleg wahanol i'r gogledd? Ynteu a oedd y diwydiant yn cael ei arfer yn wahanol yn y de ac yn llai tebyg o gael ei gofnodi mewn enwau lleoedd? Wn i ddim. Beth bynnag yw'r ffaith, roedd rhisglo a thrin lledr yn sicr yn mynd ymlaen yn y de fel y tystia Francis Kilvert uchod, heb sôn am danerdy

Tanerdy Rhaeadr Gwy, bellach yn Sain Ffagan.

hanesyddol Rhaeadr Gwy (19eg ganrif) sydd i'w weld heddiw yn ei ogoniant yn Amgueddfa Werin Cymru. Tybed oedd y diwydiant trin lledr â rhisgl derw gryn dipyn yn hwyrach, efallai, yn y de ac yn fwy cysylltiedig â diwydiant trwm y Chwyldro Diwydiannol?

Yn arbennig o ddiddorol, o ehangu'r cwestiynau i gynnwys yr oblygiadau ecolegol, yw'r ffaith fod 8 o enwau 'barc-' yng Nghronfa M.R. yn dod o Fôn, basged fara ynys 'ddi-goed' Mam Cymru! Roedd hanner y rheiny yn dyddio'n ôl i'r 16eg a'r 17eg ganrif, cynharach os rhywbeth na mwyafrif yr enwau eraill, a llawer cynharach na'r diwydiant a ddisgrifiodd Bob Owen. Ydi'r rhain yn arwyddo diwedd y cyfnod pan oedd Môn dan ei orchudd o goed cynhenid gwreiddiol? Erbyn y 18fed ganrif roedd y dyddiadurwr William Bulkeley o Lanfechell ar yr ynys yn sôn sawl gwaith, nid yn unig am *blannu* coed derw, ond hefyd am brynu llwythi o goed o borthladd Cemaes: '*went to Cemaes to see a Boat load of Oak Timber come from Tal y cafn* [Conwy]'. Dwy genhedlaeth ynghynt roedd aelod arall o'i deulu, Robert Bulkeley, Dronwy, Môn, yn ymofyn coed o borthladd lleol arall '*newly come from Ireland*' (gweler tudalen 50). Nid hawdd yw deall beth yw gwir hanes coed Môn Mam Cymru a pheth rhwystredig, efallai, yw codi mwy o gwestiynau wrth geisio atebion. Ond mae hynny'n beth digon iach hefyd!

Dyrchafu'r bywyd gwledig yn destun balchder

20 Ebrill 2007

Cafodd Jean Rohou ei eni yn Plougourvest, Llydaw, yn 1934. Ni wyddai air o Ffrangeg pan aeth i'r ysgol am y tro cyntaf, ac ymhen hir a hwyr fo oedd tyddynnwr cyntaf y pentref i fynd i'r brifysgol. Daeth yn ddarlithydd ym Mhrifysgol Rennes ac yn athrylith ar waith y bardd Racine. Nid anghofiodd ei wreiddiau, serch hynny, ac yn 2002 fe gyhoeddodd gampwaith am ei gefndir cynnar yn y Llydaw dlawd o'r enw *Fils de Ploucs* (Mab i Werin Gaws). Dyn yn syth o din y fuwch. Sarhad Ffrengig yw galw dyn yn *plouc* – daw'r gair o'r '*plou*' sydd i'w weld o flaen cynifer o enwau pentrefi Llydewig. 'Plwyf' yw hwn, a chyn hynny '*pleb*', sef person cyffredin, plebeaidd. Yn ei lyfr dyrchafodd Rohou y cyflwr plwyfol ymddangosiadol ddifreintiedig hwn i fod yn destun balchder.

Mae'n dweud llawer am gyflwr y Llydaweg heddiw mai yn Ffrangeg y dewisodd ysgrifennu'r cofiant. Dyma baragraff neu ddau y tybiaf sy'n werth eu trosi:

> Mae trysorau fy mhlentyndod gwledig yn fyrdd yn y cof o hyd. Synhwyrau, megis sŵn cawod yn nesáu, sŵn ceffylau liw nos mewn cae o fetys; sŵn pladur a min da arni yn llithro trwy'r gwair, neu drwy feillion, neu wenith – nid yr un sŵn a wnaent. Cofiaf flasau na flesais ers blynyddoedd: y suran gwyllt, blodau'r gwyddfid, gwenith yn yr egin a'i had eto'n ir. Ond mae arogleuon mwy treiddgar hefyd yn swatio yng nghefnau'r cof, fel gwynt eithin wedi ei falu, neu sawr gwair ar wahanol adegau o'i brifiant. Fe synnech mor wahanol yw'r

arogleuon hyn – y gwair cyn ei dorri, awr ar ôl ei dorri, diwrnod wedi hynny, a thri diwrnod; ac yna eto o ben y das ar ôl chwe mis. Felly hefyd arogl unigryw'r tail, nid yn gymaint wrth ei garthu'n ffres o'r beudy, ond fisoedd wedyn, wrth ei daenu ar hyd y caeau, a'r un dim yn wrthun i mi amdano. Cryfach arogl, drewdod yn wir, oedd carn ceffyl ar ôl ei drin a chyn ei ailbedoli – annymunol ond bythgofiadwy ...

Y caeau, yr eglwys, y fynwent, clochdy pentref Lambader – rhain oedd ein bydysawd ac fe'n ffurfiwyd ganddynt. Roedd pob llain o dir o'n heiddo fel cyfaill, pob un a'i enw, ei maint, ei ffurf a'i gwedd, p'un ai yn llygad neu yng nghil yr haul y gorweddai. Nid yn unig y caeau chwaith, ond y rhosydd lle treuliwn oriau meithion yn gwarchod y gwartheg. Roedd gennyf lecyn hoff ymhobman.

Roedd y caeau mor wahanol i'w gilydd ag yr oedd ystafelloedd ein tŷ. Cefais gysur ynddynt megis ym mreichiau fy mam. Yn y dolydd roedd cafnau lle'r arferai Mam olchi'r llin. O un ohonynt llifai rhuban o ddŵr gan gyrchu yn fy nychymyg ieuanc y cefnfor agosaf ...

Aeth diben y cafnau hyn yn angof, a hwythau bellach dan gysgod o ddrain. Diflannodd y caeau y mae eu henwau mor fyw o hyd yn y cof – fe'u hasiwyd yn feysydd proffidiol haws eu trin gan beiriannau. Nid oes defnydd mwyach i olchfa lin fy mam. Yn y fan lle treuliais yr oriau yn ei gwylio does neb yn eistedd mwy. Dymchwelwyd canrifoedd o fywyd i wacter.

2020

Er i Rohou ddilyn bywyd trefol metropolitanaidd Ffrengig, fel llawer o bobl lwyddiannus Gymreig, ni chefnodd ar ei gefndir gwledig. Yn wahanol i'r Cymry, fodd bynnag, dewisodd iaith y 'gormeswr' i'w chlodfori! Rhyfeddod mawr y Llydaweg i mi yw'r ffenestr mae'n ei hagor ar y Gymraeg. Chwithdod mawr i mi yw ceisio cyfleu gogoniant iaith y werin mewn iaith 'estron' a gor-ddyrchafedig. Digon yw sôn am y gair *kanndi* ei hun: 'cann-dy' yn llythrennol, tŷ cannu, lle i wynnu rhywbeth. *Kann* yw gwyn ('bara can' yn y Gymraeg ond yn ddigon dieithr erbyn hyn). Mae gŵyl boblogaidd yn Landerneau, gorllewin Llydaw, o'r enw *Kann al Loir*. Mor hawdd fyddai cyfieithu hwnnw yn 'Gŵyl Loergan', gŵyl y lleuad wen.

Kanndi *Rozonou, nid annhebyg i'r cafnau a ddefnyddiai mam Rohou, 'O un ohonynt llifai rhuban o ddŵr gan gyrchu yn fy nychymyg ieuanc y cefnfor agosaf ... Aeth diben y cafnau hyn yn angof, a hwythau bellach dan gysgod o ddrain.'*

Dim ond yng Nghymru fach

18 Medi 2009

Fel yr hogia sy'n tindroi o gwmpas y bỳs-stop ar ddiwrnod glawog a'u ffelt-tips yn boeth ac yn barod yn eu dwylo, felly hefyd griw diflas o ysbeilwyr o'r North a fu'n ymochel rhag y glaw didrugaredd fil a hanner o flynyddoedd yn ôl ym meddrod cynhanesyddol Maes Howe ar un o Ynysoedd Erch yr Alban.

Yno mae olion graffiti mewn ysgrifen Rwnig wedi eu naddu ar un o'r cerrig mewnol. Perwyl y cofnod oedd bod Grunhilde – rhyw Swedes landeg – yn dipyn o bishyn a bod y milwr ieuanc a oedd yn hiraethu am ei gartref yn dyheu am ei gweld yn fuan!

Dro arall, wrth i mi sefyll a'm trwyn at y wal o flaen y porslen yn un o lefydd chwech Gwalia Wen, gwelais y graffiti canlynol gan un o feibion mawrddrwg yr ardal. 'Ynys Môn, lle am dwrw a cwrw' oedd y neges, ond yn ddiweddarach cywirodd cyfaill arall y gair 'cwrw' i 'chwrw', gan ychwanegu mewn uwch-nodyn, 'twpsyn!'.

Mae graffiti ymhobman y dyddiau hyn, yn anharddu yn ôl rhai, yn datgelu dyheadau mwyaf gwaelodol Dyn yn ôl eraill. Os oes mwy o graffiti nag erioed heddiw, awgrymaf nad cynnydd yn awydd 'yr hogia' i fynegi eu hunain sy'n gyfrifol, ond hollbresenoldeb y ffelt-tip.

Cariad, nwyd, cenfigen, hiraeth, rhagfarn, balchder o fro (neu gasineb ati), neu lun diniwed yn mynegi uchelgais i fynd i'r môr – mae'r cwbl i'w cael mewn graffiti. Ond cywiro iaith? Dim ond yng Nghymru!

Mae gen i enghraifft arall. Yn neupen fy mhentref i, fel ymhob pentref, y mae arwydd yn datgan yr enw – Waunfawr yn yr achos hwn. Rai misoedd yn ôl aeth rhywun (nid myfi, rwy'n prysuro i ddweud) i'r drafferth o 'gywiro'r' arwydd trwy ychwanegu'r llythyren G i'r enw, yn daclus, mewn pensil, ac ailenwi ein pentref am y tro yn Gwaunfawr.

Hoffwn feddwl mai ceisio ein hatgoffa ni'r trigolion ydoedd (fel petasem angen cael ein hatgoffa) ein bod yn byw ar 'waun' anial, lom, yn agored i holl lawogydd yr Iwerydd, ac i'r pedwar gwynt.

Daeth hyn â sylw gan y ddiweddar Mary Vaughan Jones i gof. Roedd y waun hon, sef comin Cefn Du cyn y Deddfau Cau, yn ymestyn ddwy filltir ymhellach i lawr am Gaernarfon nag y mae heddiw – mor bell yn wir, meddai, â fferm Hafod y Rhug Isaf. Er i'r tir yma ers tro byd gael ei droi yn gaeau o fath, caf bleser mawr wrth ymlwybro ar hyd y lonydd cefn o gwmpas y pentref, a chanfod ac adnabod pob math o lwyni yn y cloddiau a berthynai ar un adeg i gomin mawr Cefn Du. Beth ond gweddillion y drefn honno yw coed llus yn tyfu ymhell o'r gweundir grugog heddiw, neu eithin mân lle disgwylid eithin Ffrengig? Yn wir, mewn un neu ddau o lecynnau mae'r gorhelygen, sy'n fwy cyfarwydd heddiw yn y morfeydd tywodlyd cyfagos – tystiolaeth, efallai, o amrywiaeth llystyfiant y waun hon ar un adeg o'i chymharu â heddiw. Yn y cloddiau mae'r hen hanesion yn aros.

Chwarae teg i'r graffito-ramadegydd, ond roedd o, neu hi, yn anghywir. Cywirach fyddai iddo ychwanegu nid G ond Y, i wneud 'y Waunfawr' (fel y Bala, y Bontnewydd ac yn y blaen). Unrhyw hen waun o faint sylweddol yw 'gwaun fawr', ond ein gwaun fawr *ni*, yn emau ac yn wymon yn gymysg, yw'r Waun Fawr a'i bannod. Diystyr yw'r enw fel y mae. Ond mae pawb wedi arfer erbyn hyn mae'n siŵr ... ar wahân i un graffitydd bach a'i ffelt-tip!

2020

Wrth ddysgu iaith (Cymraeg, Saesneg, Lladin, Ffrangeg) yn nechrau ail hanner y ganrif ddiwethaf fe'n dysgwyd i dalu llawn cymaint o sylw i'r ffordd mae brawddeg yn cael ei hadeiladu ag i ddysgu geirfa yn yr iaith honno. Yn hwyrach yn fy mywyd fe wnes gysylltiad rhwng gramadeg a geiriau ar y naill law, a phrosesau ecolegol a rhywogaethau ar y llaw arall. Y prosesau (megis y llwybrau trosglwyddo ynni trwy'r gadwyn fwyd o'r borfa i'r bwncath, er enghraifft) yw 'gramadeg' y byd byw, a'r rhywogaethau sy'n caniatáu i hynny ddigwydd yw'r 'eirfa'.

Efallai mai ffansi bersonol yw hyn, ond mi fentrais hyd yn oed ymhellach na hynny. Mi dybiais ers tro fod cyfatebiaeth gref rhwng Darwiniaeth 'clasurol' (y ddeddf 'trechaf treisied' ac esblygiad trwy Ddetholiad Naturiol) a datblygiad iaith. Ceisiais argyhoeddi fy hun nad cyfatebiaeth syml ydyw ond yn union yr un broses yn y ddau achos – y naill yn gweithio trwy ddewis genynnau ffafriol sy'n mynegi eu hunain trwy rywogaethau ac yn dilyn rheolau trosglwyddiad ynni, a'r llall yn gweithio trwy syniadau niwrolegol ffafriol yn yr ymennydd sy'n mynegi eu hunain trwy eiriau ac yn dilyn

Madfall dywod meddai un Gamaliel natur. Na medd un arall, madfall muriau Ewropeaidd! Graffiti ar wal toiled y dynion yn manteisio ar graith pliciad y plaster. Yn swyddfa Cyfoeth Naturiol Cymru, Parc Menai, Bangor (2016)

patrymau gramadegol. Ystyriwch y mân wahaniaethau ystyr rhwng Waunfawr (label yn unig), y waun fawr (gwaun arbennig yn nyffryn Gwyrfai) a gwaun fawr (y syniad o unrhyw waun sydd o faint arbennig). Pwy awgrymodd na ddylid dysgu gramadeg yn yr ysgolion?!

Beth yw Darwiniaeth?

Theori o esblygiad biolegol yw Darwiniaeth a ddatblygwyd gan y naturiaethwr Seisnig Charles Darwin (1809–1882) ac eraill. Mae'r theori yn dweud bod pob rhywogaeth o organebau yn tarddu ac yn esblygu yn sgil ffafriaeth naturiol i amrywiadau bychan etifeddol sy'n cynyddu gallu'r unigolyn i oroesi ac i genhedlu.

Yn wreiddiol cynhwysai'r Theori Ddarwinaidd gysyniadau cyffredinol o drawsnewidiad rhywogaethau a enillodd fri ar ôl i Darwin gyhoeddi *On the Origin of Species* yn 1859, gan gynnwys cysyniadau a fu'n bodoli cyn Darwin. Y biolegydd T. H. Huxley fathodd y term yn wreiddiol.

Gaeaf oer 1962–63

1 Mawrth 2007

Mae'n siŵr mai tua'r amser yma'r flwyddyn oedd hi [Rhagfyr] yn ystod gaeaf cofiadwy 1962–63 pan gefais brofiad adaryddol fy mywyd. A minnau'n laslanc pymtheg oed, roedd Llyn Cwellyn wedi rhewi drosto, pan welais dri deg o elyrch y gogledd (*whooper swans*) yn clegar ar y rhew nid nepell o'r lôn bost.

Roedd yr awyr o un gorwel i'r llall cyn lased ddigwmwl ag yr oedd y ddaear yn wyn o eira. Roedd yr haul yn dallu ac nid oedd chwa o wynt yn yr awyr iasol. Yr unig sŵn arall oedd y rhew yn clecian a griddfan o dan bwysau'r elyrch a'r sbrinclad o gwtieir bach duon a ffurfiai gylch aflêr o'u cwmpas, a golwg 'be wna i' arnynt yn y diffeithwch ysblennydd. Ni welais Gwellyn yn rhew drosto na chynt na chwedyn. Byddai'n dda gwybod am achlysuron eraill pan ddigwyddodd hyn gan ei fod yn un o lynnoedd dyfnaf Eryri. Po ddyfnaf fo'r llyn, hwyaf y cymer i'w rewi – hyn oherwydd y gronfa o ddŵr cynhesach yn ei ddyfnderoedd sy'n raddol godi i'r wyneb drwy gyfnod yr oerfel, nes y caiff ei ddihysbyddu. Llyn Cowlyd yw'r dyfnaf o'r llynnoedd hyn, a Llyn Ogwen yw'r basaf. Ogwen yw'r cyntaf bob amser i rewi, yn rhannol hefyd, oherwydd ei

Elyrch y gogledd, Martin Mere, Llun: Alun Williams

uchder uwchlaw'r môr.

Llyn Padarn dan rew a thrigolion Llanberis yn mwynhau diwrnod cystal â hwnnw gefais wrth Lyn Cwellyn (efallai'r un diwrnod?)

Gaeaf yr adar oedd hwn. Cafwyd barrug caled cyntaf y gaeaf ar 23 Rhagfyr, a'r diwrnod hwnnw roedd yr adar ymhlith y rhai a ragwelodd yr hyn oedd i ddod dros y ddeufis nesa a mwy. Cofnododd yr adarydd Peter Hope Jones gwmwl o 6,300 o gornchwiglod yn hedfan ymhell uwchben Ynys Môn, a'u bryd ar Iwerddon fwynach. Cofnodwyd -21°C yng Nghorwen ar 2 Ionawr. Dradwy cafwyd ysbaid fer o feirioli, ac ar wahân i honno, bu Ionawr a Chwefror yn gyfnod o heth ddi-dor.

Ar 7 Chwefror, tynhaodd yr heth ei afael yn Niwbwrch – cafodd y twyni eu britho gan fwyeilch newynog, socenod eira, adar coch dan adain, bronfreithod a mwyeilch duon. Ar eu holau gadawodd y bronfreithod nifer dirifedi o'r cregyn malwod y buont yn eu malu yn erbyn yr 'enganau' o gerrig bach a orweddai yma a thraw ar wyneb y pridd tywodlyd. Un o hoff gastiau'r fronfraith yw taro'r malwod yn erbyn rhywbeth caled er mwyn cyrraedd y tamaid meddal oddi mewn. Cofnodwyd y tro hwn bod yr adar coch dan adain hefyd, yn groes i'w harfer, yn efelychu eu cefndryd yn hyn o beth, dan bwysau newyn, efallai.

Daeth yr hirlwm i ben o'r diwedd, a chofnodir yng nghroniclau'r cyfnod rai o'r turturod torchog (*collared doves*) cyntaf i ymddangos yng Nghymru ar ôl eu hymlediad syfrdanol ar draws Ewrop o dde-ddwyrain Asia ers y 1930au. Cafwyd un yn tindroi gyda cholomennod dof yn ardal Niwbwrch rhwng 23 Ebrill a Mai 1963. Erbyn hyn maent yn ymwelwyr cyfarwydd â phob bwrdd adar, ac yn wir, dair wythnos yn ôl, ddechrau'r mis bach, mi welais y rhai sydd wedi hen ymgartrefu o gwmpas yr ardd acw yn gwneud eu campau adeiniog carwriaethol. Dyna ddau newid a fu felly ers '63 na allesid fyth fod wedi eu rhag-weld – gaeafau tynerach a gwanwynau cynharach.

2020

Mae adroddiad llawn a manwl am heth fawr gaeaf 1962-63 yn https://cy.wikipedia.org/wiki/1963.

Dyma gip ar fywyd yn ystod y gaeaf caled hwn. Dechreuodd gyda barrug trwm ar 23 Rhagfyr 1962 a rhagarwydd o'r tywydd i ddod – nid yn unig y 6,300 o gornchwiglod y soniwyd amdanyn nhw eisoes gan Peter Hope Jones ('Effects of hard weather in January and February 1963 on birds of the Newborough district'), ond hefyd cofnododd J. H. Jones, Hiraethog, Cerrigydrudion ar 24 Rhagfyr: 'Bwrw codl eira drwy'r dydd, caenen go arw erbyn y nos.' Parhaodd tywydd niwlog, sych, barugog am rai dyddiau, gydag eira tan ddiwedd y mis. Ar ddiwrnod olaf Rhagfyr cofnododd Defi Lango yn ei ddyddiadur (*Perlau'r Pridd*, 2009), 'Ychydig o eira wedi disgyn neithiwr eto – a'r gwynt cryf yn para i'w chwythu. Mae lluwchfeydd mawr ar y tir uchel ac ambell luwch chwe throedfedd o uchder ar yr heol fawr – top Rhiw Lango a thop Crachdir.'

Profodd Môn sychder ac oerfel parhaus yn Ionawr a Chwefror 1963, ac yn wahanol i weddill y wlad, sychder o'r bron. Gwelwyd eira ysgafn dros y tir yno am ddau neu dri diwrnod yn unig (P.H.J.). Ar 2 Ionawr dechreuodd ffermwyr dorri llwyni fel porthiant – 'torri eiddaw i wintrin' yn ôl dyddiadur Ellis Morris, Pant y Maen, Cymdu, Llanrhaeadr ym Mochnant. Ar 3 Ionawr cofnododd

Morris iddi fwrw 'eira drwy'r dydd a drifftio' ac yng Ngherrigydrudion yr un diwrnod roedd hi'n 'bwrw eira drwy'r dydd bron ... Mynd efo Land Rover Cwmain o'r Cerrig ... Aradr eira yn mynd o flaen y claddedigaeth o Pentre Mawr i'r fynwent.' (J. H. Jones). Ar 6 Ionawr roedd Edwina Fletcher yn mudo o Lan Ffestiniog yng nghanol eira mawr, a dwyreinwynt yn ôl Ellis Morris – cofnododd y diwrnod wedyn: 'Rhew caled iawn. Torri lot o'r eiddew i'r ŵyn. Oer ofnadwy rhew eto ... Oen bach â *snow fever*.' Parhaodd y tywydd rhewllyd dros Gymru gyda Defi Lango yn Esgairdawe yn nodi iddo dorri 'ychydig o'r onnen, Waun Pistyll' ar y 9fed ar gyfer ei dda, mae'n siŵr, pan fu 'Mwy o rew nag arfer neithiwr'. Yng Ngherrigydrudion ar y 10fed doedd hi 'Ddim mor oer, ond yn oeri yn arw ar ôl te. Yn rhy oer i mi gael myned i'r capel ... Wedi methu godro neithiwr na bore heddiw y peipiau wedi rhewi' (J.H.J.).

Caewyd yr ysgolion yn Sir Gaerfyrddin am ddiau gyda pharhad yn y tywydd Arctig, '*and we're having to feed hay to sheep morning and evening*' (D.L.). Nododd perchennog newydd Craflwyn, Beddgelert, mewn dyddiadur o eiddo'r Ymddiriedolaeth Genedlaethol ar 12 Ionawr, '*bloody freezing & getting worse.... went to Caernarvon shopping water still froze*.'

'Rhewi'n gynddeiriog' meddai E. M. yn Llanrhaeadr – roedd Llyn Ogwen a Llyn Padarn dan rew yn ôl y cofnodwr tywydd Les Larsen. '*13 January 1963 Bitter cold. Doing nothing much. Everything iced up*' meddai'r cyn-yrrwr tacsi o Graflwyn. Ar 16 Ionawr bu E.M. yn Llanrhaeadr yn 'Cwympo pren celyn berllan i wintrin' ac ar 'noson felltigedig' fe nododd '*East wind* a chwythu eira yn gymylau. Meiriolodd ychydig ar 26 Ionawr yn y gogledd (J.M.J.) ac yn y de: 'Y tywydd fel pe'n gwella. Bu tipyn o doddi ar yr eira heddiw – a mannau o'r tir yn dod i'r golwg'. Ar 29 Ionawr, '*The milk lorry took our milk from the stand at the end of the lane today – it's nearly 5 weeks since it was picked up from there*' (D.L.). Ond dychwelodd yr eira ddiwedd y mis.

Ar 2 Chwefror, cofnododd D.L. ei bod yn 'Bwrw eira ar brydiau y bore, gwynt cryf prynhawn yn symud yr eira o'r caeau agored a heno mae'n rhewi'n ffyrnig. Y defaid a'r ŵyn menywod yn bwyta tua phum bêl o wair y dydd – y defaid yn cael cêc hefyd. Oherwydd bod yr heolydd mor anodd fe grasodd y menywod 'ma bump torth o fara yn hytrach na mynd i Lansawel i mofyn bara.' Ar 6 Chwefror, yn ôl J.M.J., y 'noson waethaf eto yn *Wales* 25 *main roads blocked* Gwynt mawr.'

Parhaodd yr heth yn yr un modd: peipiau wedi rhewi, cario dŵr, a bywyd yn gyffredinol wedi ei droi wyneb i waered tan 8 Mawrth pan gofnododd Goronwy Davies; '.... wrth edrych ar hen Galendr [y byddai hen gyfaill yn ysgrifennu hanes tywydd ar ei gefn] fe pallodd yr rhew ar ôl yr 9fed o Fawrth 1963, ond roedd y llywchfeudd eira yn bodoli am wythnosau lawer wedi hynnu.'

Pryd, os fyth, welwn ni aeaf tebyg eto, tybed?

Glo rhithiol Cwm Prysor: Elizabeth Baker a map William Smith

15 E*brill* 2011

Ym mis Mawrth 1771 roedd Elizabeth Baker, perchennog cloddfeydd mwyn yn ardal Dolgellau, yn argyhoeddedig y byddai'r lôn newydd arfaethedig yn y sir yn fodd i gario a gwerthu glo i Gaernarfon, Môn ac Iwerddon. Glo Sir Feirionnydd, ei glo *hi*, oedd ganddi dan sylw gan iddi sôn fis yn ddiweddarach fod ei gweithwyr wrthi mewn tymor eithriadol o galed yn draenio'r *'shaft wery [wherein?] one impatient for the arrival of coal from thence ... will bee before the expiration of this month'.*

Glo Sir Feirionnydd? Gobaith caneri! Roedd y gwanwyn hwnnw wir yn un caled. Ar Ynys Skye yn yr Alban fe'i cofir fel y Gwanwyn Du, a nododd y dyddiadurwr o Fôn, William Bulkeley o'r Brynddu, ar y cyntaf o Ebrill y flwyddyn honno fel y bu'n rhaid i dyddynwyr dynnu gwellt oddi ar doeau'r beudai i'w fwydo i'r gwarthcg. Ond nid y tywydd, ond 'glo Meirionnydd' sydd gen i dan sylw, a hynny ym mlynyddoedd cynnar y Chwyldro Diwydiannol. Digon hawdd gydag ôl-ddoethineb yw bwrw sen ar y fath uchelgais a mentergarwch ag a welwn yn Elizabeth Baker, ond doedd y byd ddim eto yn barod amdani ... cweit! Ac mae ei henw bellach yn angof. Onid dim ond dwy oed oedd William Smith ar y pryd?

'A phwy oedd William Smith', meddech? Caiff William Smith ei adnabod fel Tad Daeareg, ac efô ddaru lunio map daearegol cynta'r byd. Pe byddai copi o fap William Smith yn eiddo i Elizabeth byddai wedi sianelu ei hymdrechion i diroedd llawer mwy ffrwythlon na cheisio tynnu glo o Gwm Prysor – tywydd echrydus neu beidio! Roedd hi'n anochel, efallai, mai Prydeiniwr (OK, Sais!) fyddai'r cyntaf i lunio map daearegol o unrhyw fath. Wedi'r cwbl, Prydain ydi'r unig dalp o dir o'i faint ar y blaned sy'n meddu ar gynrychiolaeth o greigiau o bob oes ddaearegol, o'r cyn-Gambriaidd ymlaen, heb unrhyw fylchau gwerth sôn amdanynt. Diolch i'r ddamwain ffodus honno roedd blaengarwch Prydain yn y Chwyldro Diwydiannol yn anochel. Wrth gwrs ni ddaeth y ffaith honno i'r amlwg tan ymhell ar ôl oes William Smith, ond ei esiampl glodwiw ef a esgorodd ar bob map daearegol a ddilynodd. (Afraid dweud nad oedd yr hyn yr esgorodd mapiau Smith arno, o ran erchyllterau imperialaidd Prydain, ddim mor glodwiw!)

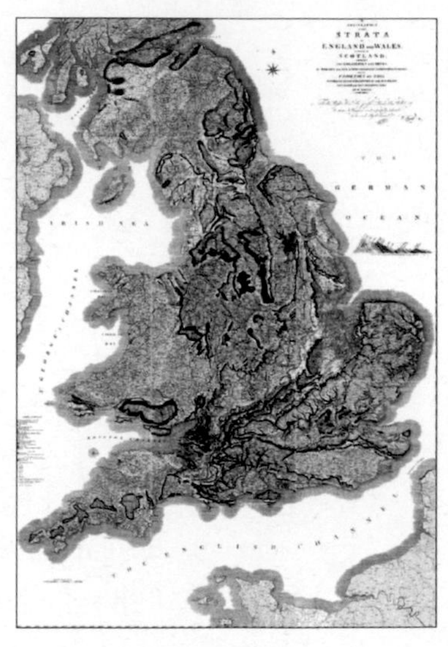

Map daearegol arloesol William Smith, ond dim gwybodaeth am ogledd Cymru.

Roedd William Smith yn berson anarferol iawn. Yn wahanol i lawer o Saeson galluog ei gyfnod nid oedd ganddo unrhyw gymwysterau ffurfiol. Fe'i hanwybyddwyd gan y Gymuned Wyddonol uchel-ael Seisnig a llên-ladratwyd ei waith gan y Sanhedrin daearegol yn ddidramgwydd. Cafodd ryw fath o gydnabyddiaeth yn 1831, wyth mlynedd cyn ei farwolaeth mewn Carchar Dyledwyr yn ddeg a thrigain mlwydd oed.

Hanai William o Churchill, Swydd Rhydychen. Bu marwolaeth ddisymwth ei dad, John, pan oedd yn wyth oed yn ysgytwad trasig iddo a'i deulu. Ond does dim drwg na ddaw rhyw ddaioni ohono, ac fe gafodd ei fabwysiadu am gyfnod ar fferm ei ewythr (William oedd ei enw yntau) yn yr un sir. Yno, deffrowyd ei ddiddordeb mewn daeareg mewn modd rhyfeddol o ddirodres. Byddai morynion bach y fferm yn pwyso menyn ar gloriannau, gan ddefnyddio pwysau carreg at y gwaith. Roedd y cerrig hyn yn hynod eu ffurf ac fe'u casglwyd o chwarel gyfagos. Cymerodd Ewythr William a'r morynion y cerrig hyn yn gwbl ganiataol heb gwestiynu na'u hanfod na'u hynodrwydd, ond cafodd y William ifanc ei danio ganddynt. Ffosilau oedd y cerrig – gweddillion draenogod y môr o'r Oes Jwrasig. Drwy gyd-ddigwyddiad, eu hunion bwysau oedd 22 owns, sef y *long pound*. Mae mesuriadau hynafol, boed yn bwysau neu hyd, yn hynod anodd i'w dehongli gan fod cynifer o fesuriadau lleol yn bod. Yr oedd i bob marchnad ei charreg ei hun, ei ffon i fesur hyd, neu lestr i fesur swm o lefrith. Roedd pob un o'r rhain yn cael ei ystyried yn fesur 'safonol' i'r ffair honno. Y ffosil *Clypeus ploti* oedd y 'pwys' dan sylw yn ardal cartref William Smith. A diolch am hynny – petai'r 'pwysyn hir' wedi cael ei safoni erbyn cyfnod plentyndod William, ni fyddai'r crwt, efallai, wedi gweld y ffosilau nac ymddiddori yn y creigiau o'i gwmpas. Efallai y byddai sawl Elizabeth Baker, yn niffyg ei fap daearegol arloesol, wedi buddsoddi yn ofer am ddegawdau i ddod mewn meysydd glo rhithiol eraill.

2020

Beth os ... beth os? Ar ôl miloedd o flynyddoedd o fyw ar y ddaear hon cymerodd tan droad y ddeunawfed ganrif i'r byd weld yr angen am fap daearegol. Siawns y byddai meddwl craff a chwilfrydig William Smith wedi bod yn drech na'i gefndir di-addysg a dirodres ac y byddai wedi rhagori mewn rhyw faes arall. Yn yr un modd gallai rhywun arall, rywsut, fod wedi llunio'r map daearegol

Llun y ffosil Clypeus ploti (Plot oedd rhagflaenydd Edward Llwyd a cheidwad cyntaf Amgueddfa'r Ashmolean yn Rhydychen)

cyntaf – onid oedd yr amser, a'r angen amdano, wedi cyrraedd?

I brofi'r ffenomen o natur anochel darganfyddiadau o'r math, rwy'n hoff o gyfeirio at ddau ddyn, dau gyfoeswr – dau Brydeiniwr, Sais a Chymro. Amlygodd Wallace a Darwin yr un syniad chwyldroadol a 'pheryglus' sy'n anghyfforddus i rai hyd heddiw – a hyn sy'n allweddol – *ar yr un pryd*, yn y blynyddoedd yn arwain at 1858 pan ddefnyddiodd Darwin ei rym cymdeithasol personol i wthio Wallace i'r cysgodion a chyhoeddi eu theori gyfrannol yn ei enw'i hun. Cymeriad gwylaidd a gyfatebai fwy i William Smith, efallai, oedd Wallace. Y theori, y syniad peryglus hwnnw, wrth gwrs oedd Damcaniaeth Esblygiad trwy Ddetholiad Naturiol (gweler tud. 19). Roedd yr amser wedi cyrraedd iddi, a dau feddwl craff wedi esgor arni yr un pryd. Roedd y byd dysgedig (a phob un ohonom yn y pen draw) yn gorfod ymdopi â'r goblygiadau. Gydag oes tanwydd ffosil, oedd mor allweddol i'r Chwyldro Diwydiannol, yn gyflym ddod i ben er gwaetha'r wylofain a'r rhincian dannedd o du'r buddiannau breintiedig, mae'r cam nesaf yn glir eisoes i'r rhai sydd â llygaid i weld. Mae'r cam nesaf yn ein hanes bob amser wedi ei ysgrifennu yn y camau blaenorol er bod hynny'n anhysbys ar y pryd. Morio ton Hanes yn ddiarwybod fydd pob arloeswr. A dyna wnaeth yr arloeswyr hyn.

Beth yw theori Darwin?

Os oedd William Smith wedi arloesi ym myd y creigiau, ym mha ffordd roedd Darwin a Wallace wedi dangos y ffordd i ni ddeall yn well y byd byw? Mae byrdwn y theori a ddatblygodd y ddau yma, heb yn wybod i'w gilydd, ac a gyhoeddwyd gan Darwin fel papur gwyddonol, *On the Origin of Species by Means of Natural Selection, or the Preservation of Favoured Races in the Struggle for Life*, yn rhyfeddol o syml. Dyma ddywedon nhw: mae popeth byw – gan gynnwys chi a fi – yn dod i'r byd gyda set neu gyfres o nodweddion, rhai ohonynt yn fanteisiol i oroesi dan yr amgylchiadau maen nhw'n canfod eu hunain ynddynt, a rhai ddim. Nodweddion allanol y corff cyfan yn unig (y 'ffenoteip' heddiw) oedd sail y theori – doedd neb ar y pryd, Darwin na Wallace na neb, yn gwybod am y genynnau yn y gell (yr hwn a elwir heddiw yn 'genoteip'). Lle roedd y balans o nodweddion yn ffafrio'r unigolyn i oroesi byddai'r unigolyn hwnnw'n trosglwyddo'r rhain i'w epil. Y syniad oedd bod nodweddion anffafriol yn cael eu chwynnu allan o'r boblogaeth yn fuan. Dyna ydi Peiriant Mawr bywyd y Ddaear. Mireiniwyd theori Darwin a Wallace gan Richard Dawkins yn ei gyfrol *The Selfish Gene* yn 1976.

Gwaddol R. E. H*ughes*

T*achwedd* 2007

Roedd cyfnod chwedegau'r ganrif a aeth heibio yn un cyffrous ym myd cynllunio cefn gwlad. Dyma gyfnod sefydlu'r Parciau Cenedlaethol, Gwarchodfeydd Natur Cenedlaethol, a chyfnod llunio'r egin strwythur i warchod cefn gwlad at ddefnydd pobl ar ôl llymder, llwydni a chyni'r blynyddoedd yn dilyn yr Ail Ryfel Byd. Ar flaen y gad yn y gwaith hwn roedd Dr R. E. Hughes, a'n gadawodd mewn gwth o oedran yr wythnos ddiwethaf. Gadawaf i eraill mwy cymwys na fi dalu'r teyrngedau llawn a manwl gan nad oeddwn yn ei adnabod yn dda. Ymddeolodd R. E. Hughes o brif waith ei yrfa, pennaeth y Warchodaeth Natur yng Nghymru, ychydig flynyddoedd cyn i mi hyd yn oed ddechrau fy ngyrfa i. Dyna i chi sbel dros 30 mlynedd o ymddeoliad!

Ymunais, yn 1976, â'r Cyngor Gwarchod Natur sef y corff a olynodd y Warchodaeth Natur, ac a ragflaenodd y Cyngor Cefn Gwlad presennol. [Cyfoeth Naturiol Cymru erbyn hyn.] Ac eto roeddwn yn ei 'adnabod' yn dda trwy lygad cyn-gydweithwyr hŷn, a thrwy'r edmygedd a estynnent bob amser tuag ato. Roedd 'R.E.' yn cofleidio gwyddonwyr a gwladwyr cyffredin fel ei gilydd, a llwyddodd i briodi eu galluoedd a rhoi lle teilwng i gadwraeth yng nghefn gwlad Cymru.

Ei faes ymchwil (pa bennaeth corff cyhoeddus heddiw ellir ei gysylltu, neu ei chysylltu, ag unrhyw faes ymchwil?) oedd hanes y ddafad Gymreig a'i heffeithiau ar ei chynefin. Priododd yr amaethyddiaeth draddodiadol gyda gwyddor newydd ecoleg.

Ymysg y rhai o anian debyg iddo o dan ei ofalaeth oedd Wally Shaw (a amlygodd i ni am y tro cyntaf y prosesau sy'n

Defaid Cymreig yn eu cynefin caled,
Waunfawr, Ionawr 2013.
Llun: Gill Brown

cynnal coedwig o dderw Cymreig), David Hewett (y prosesau sy'n cynnal ffurf a bywyd y twyni) a John Dale (ecolegydd y porfeydd gwelltog). Ymysg y gwerinwyr deallus a chraff roedd y diweddar Wil Jones Croesor ('Wil Post'), Efan Roberts (y chwarelwr o fotanegydd) a Warren Martin, Llanfairfechan.

Drwy'r cyfeillion hyn, teimlais ddylanwad R.E. yn drwm arnaf wrth i mi ddod yn fwyfwy ymwybodol o'i werthoedd arbennig. Fe greodd ddiwydiant cadwriaethol unigryw Gymreig – yn enwedig yn y gogledd – pan oedd yr un gwaith yng ngweddill Prydain yn nwylo trigolion y Tyrau Ifori. Efelychir y gwerthoedd cymdeithasol ym myd cadwraeth ar draws Prydain erbyn hyn, er mai (gwaetha'r modd) ar drai mae cyfraniad gwyddoniaeth i reolaeth cefn gwlad.

Y ddyled fwyaf sydd gen i yn bersonol i R.E. yw'r ffaith fy mod i wedi cael gyrfa yn rheoli'r union warchodfeydd natur a ddewisodd yntau fel y perlau yng nghoron ein cefn gwlad hanner can mlynedd yn ôl, ac sydd wedi cadarnhau, trwy eu goroesiad i'r oes bresennol, ddoethineb ei weledigaeth ecolegol wreiddiol.

Ymysg y perlau yn fy ngofal i roedd Morfa Harlech, Cader Idris, Coedydd Aber a Choed Gorswen. Cefais y fraint yn ddiweddar o recordio sgwrs gydag ef yn ei gartref yng Nghricieth, a diolch i Ragluniaeth fy mod i wedi ei gyrraedd mewn pryd (gair i gall, chwi selogion byd yr Hanes Llafar). Cofiodd y dyn heini hwn fel yr oedd yn rhoi o'i amser prin i gerdded rhwng y safleoedd apwyntiedig yn Arllechwedd neu Fro Ffestiniog, cyn mynychu rhai o gyfarfodydd sych ei barchus swydd.

Ni ddychmygodd R.E. y gwarchodfeydd hyn erioed ond megis carpiau o ryw ogoniant ehangach a fu, sef Hen Goedwig Fawr Eryri. Symudodd yr oes yn ei blaen, er gwell neu er gwaeth, ond bydd ei weledigaeth yn aros tra bydd ecolegwyr a naturiaethwyr Cymreig, yn bobl gyffredin neu'n ysgolheigion.

Dr R.E. Hughes, ar flaen y gad yn llunio'r strwythur i warchod cefn gwlad ar ôl yr Ail Ryfel Byd. Llun: Dr Llyr Gruffydd

2020

Breuddwyd gwrach – neu ddyhead academaidd yn unig – oedd gwireddu'r syniad bod yr ynysoedd bach hynny o dir a alwon ni'n Warchodfeydd Natur Cenedlaethol yn rhan o unedau mwy o dir a ymdebygai i diroedd cefn gwlad bore yn fuan ar ôl enciliad y rhew filoedd o flynyddoedd yn ôl. Ychydig a wyddem bryd hynny y byddai athroniaeth uchelgeisiol 'dad-ddofi' (*rewilding*) yn ennill tir o ddifri. Ac ym meddylfryd swyddogol y parchus Awdurdod Parc Cenedlaethol Eryri mae prosiectau fel Cynllun Coedwigoedd Glaw Celtaidd eisoes ar droed: prosiect yn seiliedig ar raddfa tirwedd gyfan. Er bod pellter i fynd eto, nid breuddwyd gwrach mohoni bellach, ond gwaith-ar-waith.

Fe gollon ni Warren yn 2019, yr olaf o'r tri gŵr doeth i gludo fflam cenhadaeth R.E. ymlaen. Cyfrifoldeb arswydus fydd rhan y nesaf yn yr olyniaeth, i ailddehongli'r genhadaeth i fyd sydd yn dra gwahanol a thra ansefydlog o'i gymharu â'r hyn a brofodd yr hen arloeswyr hyn.

Pam cadwraeth?

Rydw i bron yn ddigon hen i fod wedi byw trwy'r pedwar teyrnasiad cadwriaethol a fu ers y rhyfel, a'r *unig* rai sy'n haeddu'r disgrifiad hwnnw, mae'n debyg, a fu erioed ym Mhrydain. Cafodd y Warchodaeth Natur ei sefydlu pan oeddwn yn flwydd oed a'i diddymu yn 1973, dair blynedd cyn i mi ddechrau fel warden gyda'i holynydd, y Cyngor Gwarchod Natur, yn 1976. Cyrff Prydeinig oedd y rhain ac mae'n beth swreal i mi gofio erbyn hyn i mi orfod cystadlu am UN o'r tua 10 swydd dros y deyrnas, gan wybod na fuaswn yn cael dewis lleoliad i weithio ynddo petawn i'n llwyddiannus! Gofynnwyd i mi fy marn ar gael fy lleoli yn Shetland! 'Cystadleuaeth' oedd hon, nid cyfweliad am swydd gyffredin, rhwng 500 o ymgeiswyr os cofiaf yn iawn, yn Belgrave Square crand yn Llundain ... fel petai'r hawl ganddyn *nhw* i gael gweithwyr cymwys, a'i bod yn fraint i *ni* gael rhoi ein hunain ar eu trugaredd!

Dywed rhai mai ysbryd datganoli a yrrodd y newid nesaf yn 1990 pan sefydlwyd Cyngor Cefn Gwlad Cymru, ond dywed eraill mai ffordd o wanhau grym y cwangos (gair mawr ar y pryd) er lles buddiannau preifat oedd y gwir gymhelliad gwleidyddol ... dipyn bach o'r ddau, efallai? Ysbryd tacluso oedd y tu ôl i'r newid diweddaraf yn 2013 wrth greu Cyfoeth Naturiol Cymru. 'Glastwreiddio cywilyddus hen drefn lwyddiannus' meddai rhai, 'cyfuniad hir-ddisgwyliedig' i eraill, 'rhwng tri chorff "amgylcheddol" statudol arall'. Y tri chorff oedd CCGC (cadwraeth natur), y Comisiwn Coedwigaeth (coedwigaeth fasnachol) ac Asiantaeth yr Amgylchedd (amddiffynfeydd rhag llifogydd a hylendid y dyfroedd). Os tacluso, mae gwaith ar ôl o hyd, gyda chyflenwyr dŵr a'r Parciau Cenedlaethol yn gyfleustodau ar wahân o hyd yng Nghymru – ac onid yw'r Ymddiriedolaeth Genedlaethol yn gofalu am lawer o dir o bwys cenedlaethol hefyd?

Roedd gan gyfundrefn y Gadwraeth Natur ddwy rôl. Cyflogwyd ecolegwyr proffesiynol i roi sail wyddonol gadarn i gadwraeth ar y safleoedd pwysicaf (y Gwarchodfeydd Natur Cenedlaethol megis Cwm Idwal a Chors Fochno). Byddai hynny'n arweiniad i reolwyr categorïau is o dir naturiol neu led-naturiol i gael y gwerth cadwriaethol gorau ohonynt mewn perthynas â gofynion eraill - amaeth, amwynder, coedwigaeth fasnachol. Dyna oedd y theori. Y rôl arall oedd llunio deddfwriaeth cefn gwlad ac ennill calonnau a meddyliau'r cyhoedd i weithredu ar argymhellion yr ecolegwyr.

Sail y newid i'r ail gyfundrefn, y Cyngor Gwarchod Natur, oedd gwahanu'r ddwy rôl, gwyddonol a chadwriaethol, o dan ddwy chwaer-gorff, y CGN a'r Sefydliad Ecoleg Tir (SET). Wrth i'r model yma gael ei chwalu gyda sefydlu Cyngor Cefn Gwlad Cymru yn 1990 dan gwmwl peth chwerwder (ar ran asiantaethau cyffelyb yn y gwledydd eraill), bu brwydro mawr i amddiffyn y galluoedd gwyddonol dros Brydain i wasanaethu'r tri chorff datganoledig newydd yng Nghymru, Lloegr a'r Alban. Enw'r corff cyfunol hwnnw oedd y Joint Nature Conservation Council (JNCC). Mae hwnnw'n bodoli o hyd o dan y *radar*.

Os oes un llinyn arian – os arian hefyd – i'w weld yn yr hanes hwn, hwnnw yw'r broses o wanhau'r ofalaeth am natur fel y cyfryw a chynyddu'r ffafriaeth i drefnu cefn gwlad fel adnodd i'w fwynhau gan y cyhoedd, yn gorfforol ac yn ysbrydol. Gewch chi farnu ai peth da yw hynny.

Rhowch i ni yn ôl ein dyddiau coll – a straeon eraill

25 *Ionawr* 2008

Cafodd y Calendr Iwlaidd ei sefydlu yn 45CC pan benderfynodd yr Ymerawdwr Rhufeinig Iwl Cesar ychwanegu dau fis at yr hen flwyddyn o ddeng mis, sef Ionawr a Chwefror. Sylwch mai atgof o'r calendr cyn-Rufeinig yw NOVember, y NAWfed mis, a DECember, y DEGfed mis.

Erbyn yr 16eg ganrif, o dan yr hen Galendr Iwlaidd, yr oedd y dyddiad a'r tymhorau wedi llithro oddi wrth ei gilydd. I gywiro hyn, felly, ar 4 Hydref 1582 newidiodd y Pab Gregori XIII y calendr eto yn y gwledydd a oedd yn ufudd i'w orchymyn, a dileodd 10 niwrnod o'r flwyddyn Iwlaidd. Y calendr yma, y Calendr Gregoraidd, a gafodd ei ddefnyddio drwy wledydd datblygedig y byd o'r cyfnod hwn ymlaen, ac a gaiff ei ddefnyddio hyd heddiw. Ond i ni yng Nghymru a Lloegr (neu yn Lloegr a Chymru efallai, yn yr achos hwn, gan nad oeddem ni â llawer o ddweud yn y mater!) mae'r stori dipyn yn wahanol. Oherwydd gelyniaeth ffyrnig yn erbyn unrhyw beth Pabyddol, cadwodd Lloegr y Calendr Iwlaidd heb ei newid o gwbl, a dilynodd ei chŵys geidwadol ei hunan am ddwy ganrif eto.

Ond erbyn canol y ddeunawfed ganrif bu'n rhaid cydymffurfio gan fod diffygion y Calendr Iwlaidd (diffygion ffenolegol, dylid ychwanegu!) wedi amlygu eu hunain yn fwy fyth. Erbyn hynny roedd yr hen elyniaeth rhwng yr eglwysi yn llai, a'r gwahaniaeth yn y calendrau yn cael ei ystyried yn dramgwydd cynyddol i fasnach ryngwladol. Felly ar 2 Medi

1752, penderfynodd senedd Prydain gywiro'r gwall trwy ollwng 11 diwrnod o'r flwyddyn honno i gydymffurfio â'r calendr Gregoraidd. Roedd y calendr am fis Medi y flwyddyn honno felly yn rhedeg Medi 1, 2, yna naid i 14, 15 ayyb. Ond, sylwer, dim ond am y flwyddyn honno.

Roedd y bobl gyffredin wedi dychryn o ddeall hyn gan feddwl eu bod wedi colli'r unarddeg niwrnod o'u bywydau: 'rhowch i ni yn ôl ein dyddiau coll' oedd y gri yma yng Nghymru! Derbyniwyd y newid yn swyddogol ond 'dygwyd' yr 11 diwrnod yn ôl gan y werin bobl trwy ohirio gwyliau'r Seintiau, ffeiriau a dathliadau eraill. Dyma pam mae gennym Galan Mai ar 1 Mai a'r hen ffeiriau Clanmai o gwmpas y 12fed.

Beth felly yw goblygiadau hyn wrth geisio amseru digwyddiadau yng Nghymru a Lloegr i'r diwrnod, er mwyn olrhain a chymharu hanes y tywydd neu unrhyw ddigwyddiadau amgylcheddol eraill? Yn y blynyddoedd cyn 1752 cofnodir y cyfnod o 1 Ionawr i 24 Mawrth yng Nghymru a Lloegr fel petai'n perthyn i'r flwyddyn flaenorol – fel petai'r ddau fis, Ionawr a Chwefror, erioed wedi cael eu hychwanegu o gwbl! Er enghraifft, mae llythyr gan William Morris (Morrisiaid Môn) at ei frawd wedi ei ddyddio '13th March 1740', a'r llythyr nesaf, dair wythnos yn ddiweddarach, wedi ei ddyddio '6th April 1741'.

Byddai'r un dyddiadau yng ngweddill gorllewin Ewrop, gan gynnwys yr Alban, yn cyfeirio at y flwyddyn honno o fis Ionawr ymlaen fel 1741. Yn aml, nid oes modd ymddiried yn nyddiadau tri mis cyntaf y flwyddyn yn perthyn i rai cofnodion hanesyddol yn y blynyddoedd o boptu'r newid yn 1752 (mae Morrisiaid Môn yn eithriadau anrhydeddus!) gan nad oedd pawb yn datgan pa system roeddynt yn ei harddel. Ond er y mân ddiffygion, drwyddi draw onid yw manylder a gallu mathemategol y bobl a oedd yn ymhél â'r cyfryw bethau yn rhyfeddol?

2020

Efallai mai cwbl academaidd yw hyn i haneswyr – pobl nad ydynt yn ymdrin yn fanwl, os o gwbl, â ffenoleg. Ond i haneswyr yr amgylchedd mae cyfatebiaeth gywir rhwng y tymhorau ar draws y 'ffawt' rhwng y ddau Galendr yn un real. Does dim angen helaethu enghreifftiau – fe wnaiff un y tro ...

Mae pryf Sant Marc, *Bibio markii*, yn gyffredin yn ei dymor ac yn ymddangos yn nodweddiadol ddechrau Mai bob blwyddyn, yn draddodiadol o gwmpas Dydd Gŵyl Sant Marc, 25 Ebrill yn ôl traddodiad yr Eglwys. Mae ei enw llafar mewn rhai ardaloedd, Wil Piser Hir (cyfeiriad chwareus, mae'n debyg, at ei goesau yn hongian fel pidyn oddi tano, nodwedd gyfarwydd sydd mor anodd ei dal ar gamera) yn dyst i'w boblogrwydd (os dyna'r gair) ymysg gwladwyr craff. Ond gan gofio mai tymheredd sy'n penderfynu dyfodiad y gwanwyn i'r ffenolegydd, nid dyddiad calendr, rhaid cysoni'r ddau rywsut â'i gilydd.

Pryd yn union oedd Dydd Gŵyl Sant Marc? Ac yn fwy perthnasol i bobl fel ni amgylcheddwyr, pryd mewn perthynas â dyfodiad y gwanwyn y mae enw cyffredin y pryf yn Gymraeg, Saesneg a Lladin yn ei anfarwoli: 25 Ebrill, ynteu 6 Mai, un diwrnod ar ddeg yn ddiweddarach?

Ebrill 25 oedd diwrnod Sant Marc yn draddodiadol, ar galendr yr eglwys, o leiaf. Dyma'r dyddiadurwr Francis Kilvert yn cofnodi yn Bredwardine, Swydd Henffordd ar 24 Ebrill

Pryf Sant Marc – arwydd cyson o'r gwanwyn o ddiwedd Ebrill a Mai
Llun: Wil Williams

1878: '*The Eve of Saint Mark. Cold and bright ...*' Ond sefydliad ceidwadol iawn oedd yr eglwys, yn ymwrthod â chred y werin am y dyddiau coll. Fel yr Hen Galan, yng ngolwg y Werin, roedd unarddeg niwrnod o wahaniaeth parhaus rhwng dyddiad yr Ŵyl cyn 1752 a'n Calan ni (1 Ionawr). Mae'n debyg mai ar 6 Mai, un dydd ar ddeg wedyn, y penododd y werin ddyddiad Gŵyl Sant Marc er mwyn adfeddiannu'r dyddiau a 'ddygwyd'.

Cyfleus iawn. Mae wythnos gyntaf Mai yn agosach i'r tymor, yn fy nhyb i, o leiaf, pryd yr arferir gweld pryfed Sant Marc cynta'r flwyddyn yn y gwrychoedd, pan fo blodau a sawr y drain gwynion yn dod i'w hanterth. Yn seiliedig ar 11 o gofnodion modern (h.y. ar ôl 1990) o 'ddyddiadau cyntaf' gweld pryfed Sant Marc, a gofnodwyd yn Nhywyddiadur Llên Natur, y cyfartaledd canolrifol (*median*) yw 30 Ebrill. Y dyddiau ar ôl hynny, yn hanner cyntaf Mai felly, yw tymor hedfan pryfed Sant Marc, o gwmpas yr ŵyl 'gywiriedig' ar y chweched. Sy'n awgrymu felly bod yr enw 'St Mark's Fly' wedi ymddangos ar ôl newid y calendr yn 1752. Dyna fy stori i beth bynnag – a dwi'n sticio iddi!

Beth yw ffenoleg?

'Ar ddiwrnod braf o wanwyn, ar 4 Ebrill yn y flwyddyn 1736,' medd Woodward a Penn, awduron y gyfrol *The Wrong Kind of Snow*, 'mae'r wennol gyntaf yn cyrraedd pentref Stratton Strawless yn Norfolk.' Mae'r ffaith yn gofiadwy am yr hyn wnaeth y sawl a'i gwelodd nesaf. Ysgrifennodd Robert Marsham y ffaith yn ei ddyddiadur. 'No-one has ever thought of doing such a thing,' meddai'r awduron, 'The science of phenology is born.'

Rhaid oedd aros tan 24 Ebrill 1941 cyn i ni gael cofnod cyffelyb yn y Gymraeg: 'Darfod hau ceirch Cae Canol.

Gweld y wennol gyntaf.' Ond go brin, wrth gwrs, fod pobl cefn gwlad Cymru yn ddall i dreigl y tymhorau a'r creaduriaid a ddibynnai arnynt. O ddyddiadur David Williams, Hendre, Aberdaron daeth hwn. Felly, i rywbeth sydd mor waelodol i fywyd cefn gwlad â chofnodi dyfodiad a diflaniad adar cyfarwydd, gweld blodau cyntaf y gwanwyn, dechrau plannu tatws neu weld eira cynta'r gaeaf ar y mynydd, mae'n od efallai na chawson ni air am yr arferiad hwn tan ddiwedd y 19eg ganrif yn Saesneg. Pan ysgrifennais yr ysgrif hon, nid oedd y gair wedi ei gynnwys o gwbl yng Ngeiriadur y Brifysgol, ond cydnabu'r golygyddion wedyn y dylid ei gynnwys. Fydd dim dewis ar ôl cyhoeddi'r ysgrif hon!

Beth yw 'ffenoleg' felly? Dyma'i ystyr yn ôl Geiriadur Saesneg Collins: '*the study of recurring phenomena, such as animal migration, esp as influenced by climatic conditions*.' Troi anecdot yn ddata yw un ffordd o edrych arno. Casglu data yn benodol er mwyn mesur tueddiadau yn y tymhorau yn wedd arall arno. Un peth sy'n sicr: mae'r twf yn nefnydd y cysyniad yn adlewyrchu ein diddordeb cynyddol yn y tymhorau yn sgil Newid Hinsawdd.

Gweledigaeth newydd ynteu proffwyd y gau?

29 Rhagfyr 2012

'Byddai braslun cefn amlen o gynllun patrwm papur wal yn fwy gorffenedig na'r llun hwn.' Dyna fyrdwn geiriau anfarwol y critig celf Louis Leroy yn y papur dyddiol *Le Charivari* yn yr 1870au am baentiad enwog Claude Monet o'r enw *Impression, soleil levant* (Argraff, haul yn codi).

Oherwydd bwriad gwatwarus y geiriau, bedyddiwyd yr artistiaid yr oedd Monet yn ysbrydoliaeth ac yn arweinydd arnynt, yn *les Impressionistes* – yr Argraffiadwyr – gan bobl 'ddiwylliedig' y cyfnod. Daeth y term sarhaus hwn yn enw ar un o'r mudiadau celf a fu'n cyfareddu'r cenedlaethau – ac nid y byd celf yn unig – hyd heddiw. Pwyll piau hi felly, chwi feirniaid byrbwyll gwaith gonest pobl eraill. Efallai y bydd Hanes yn eich maglu.

Nid gwers ddibwys mewn ôl-ddoethineb mo hon. Mae'r tensiwn rhwng artist a'i gynulleidfa yn fythol – a hir oes i hynny. Wrth gwrs, mae'r mwyafrif o artistiaid yn ceisio plesio'u cynulleidfa, a lleiafrif efallai sydd am ei herio. Beth bynnag fo cymhellion Kyffin Williams, er enghraifft, yn hyn o beth wrth baentio'i forluniau godidog ar godiad yr haul, mae ei ddyled i ddewrder a

'Argraff, haul yn codi', *Claude Monet: y llun a newidiodd ein ffordd o weld y byd o'n cwmpas*

gweledigaeth Monet ganrif a hanner ynghynt yn anwadadwy. Ydyn ni'n cael ein herio gan artist nad ydym yn llwyr ei ddeall ... ynteu'n cael ein twyllo?

Ni allwn fyth fod yn hollol sicr. Dim ond trwy sbectol hanes y cawn wybod. Gwers mewn gonestrwydd personol yw profi celf, i'r artist ac i'r gwyliwr.

Pa hawl sydd gennyf i i siarad am gelf mewn colofn Llên Natur? Pob hawl. Celf yw'r drych sydd yn lliwio – ac yn llywio – y ffordd yr ydym yn gweld y byd o'n cwmpas. Cyfaddefodd un o'm cyd-golofnwyr dair wythnos yn ôl iddo deimlo fod y peintwyr David Hockney (Sais) a Mark Rothko (Americanwr o dras Rwsiaidd) yn broffwydi'r gau. Mewn 'bywyd' arall mewn coleg celf tua'r flwyddyn 1972 fe dreuliais brynhawn yng nghwmni David Hockney. Yn artist ieuanc ond eisoes yn llwyddiannus, teithiodd o bell am ddim elw iddo'i hun i ddod i gyd-drafod ein gwaith ni fyfyrwyr, a hynny ar ein cais ni, nid y coleg. Yn fy marn i nid twyllwr oedd David Hockney [mewn gwth o oedran bellach, yn 2020, mae ei waith heddiw mor ffres ag erioed]. Cefnodd ar Galiffornia a blynyddoedd wedyn, ar raglen deledu yn dathlu ei ddelweddau enfawr o goedwigoedd ei sir enedigol, swydd Efrog, tywynnodd ei onestrwydd a'i dreiddgarwch o bob gair a ynganodd. Oedd, roedd y cynnwys yn fwy at fy nant na'r paentiadau trefol moethus o Galiffornia a'i gwnaeth yn Enw mawr, ond yr un weledigaeth unigryw oedd yno o hyd. Roedd Hockney wedi dychwelyd adref.

Chwrddais i erioed â Mark Rothko, er i mi gael fy nylanwadu'n ddwfn ganddo wrth i mi baentio ambell lun yn yr un cyfnod – ac nid lluniau haniaethol mohonynt chwaith (yn wahanol i rai Rothko). Cafodd un o luniau'r gŵr hwn ei ddifwyno'n ddiweddar mewn dau funud bach slei gan Vladimir Umanets, artist graffiti. Ydw, dwi'n cytuno bod graffiti yn gelf, ac Umanets efallai yn 'artist' o fath – mae pob mynegiant o brofiad dyn o'i fyd yn gelf. Y cwestiwn y mae'n rhaid i bob un ohonom farnu arno, yn nhawelwch myfyrdod personol o flaen y darn celf ei hun (nid delwedd ail-law gyfryngol ohono) yw, beth mae'r darn wir yn ei olygu i mi? Ac os na chawn ateb, taw piau hi rhag i ni ganfod ein hunain ar ochr anghywir Hanes mewn blynyddoedd i ddod.

Er na phrofais graffiti Umanets fy hun, tybiaf fod ei weithred dan-din yn ddim amgenach nag ymgnawdoliad o philistiaeth Louis Leroy ar newydd wedd! Bu Umanets o flaen ei well yn ddiweddar, ac fe'i carcharwyd. Ar 25 Chwefror 1970 cafwyd Mark Rothko yn farw o flaen sinc o waed gyda rasel wrth ei law. Dangosodd y cwest fod ei gorff yn llawn tawelyddion cryf. Cafodd bywyd – a philistiaeth, efallai – y gorau ar Mark Rothko yn y diwedd, ond yn ei saithdegau mae Hockney yn mynd o nerth i nerth. O, na feddwn innau ar y sêl, y weledigaeth a'r hunanhyder i gyflawni yn fy newis faes yr hyn y llwyddodd David Hockney a Mark Rothko i'w wneud yn eu dewis faes hwythau.

2020

Beth yw harddwch? Dywedwyd am Monet un tro nad yw, fel artist, yn ddim amgenach na llygad – ond, ychwanegwyd, '... AM lygad!' Bûm yn gwylio ffilm yn ddiweddar o Monet (ia, y dyn ei hun) wrth ei waith yn paentio yn ei ardd. Dyn chydig bach dros ei bwysau, sigarét yn ei geg, het rhag yr haul a'i frwsh yn fyw yn ei law. Doedd dim byd gofalus am ei osgo na'i ddull, ond wir i chi, treuliodd fwy o amser yn edrych ar yr olygfa o'i flaen nag ar y cynfas. Roedd ei ddull 'ffwrdd-â-hi' yn cuddio treiddgarwch gweledol na welais mewn unrhyw gelf gymharol na chynt na chwedyn. Erbyn hyn, ac yn wahanol i lawer o'i gyfoeswyr, rydym yn gweld ei gynnyrch artistig yn anwadadwy o hardd.

Beth os mai papurau wedi eu taflu ac nid blodau melyn yw'r rhain....
Llun: Netta Pritchard

Yn ei lyfr *European Painting* mae Eric Newton yn ystyried y profiad o fynd am dro yng nghefn gwlad. Rydych yn cyrraedd pen bryncyn ac yn gweld dyffryn o'ch blaen yn llawn blodau melyn hardd. Neu dyna mae eich llygad yn ei ddehongli. Ond wrth i chi agosáu, buan rydych yn sylweddoli mai hen sbwriel o bapurau melyn sydd wedi chwythu yno ar y gwynt yw'r 'blodau melyn'. Siom! Wrth godi i ochr arall y dyffryn, er yr un olygfa o bell, go brin y byddwch yn troi eich pen i'w mwynhau unwaith eto. Mi'ch gadawaf gyda'r un cwestiwn: 'beth yw harddwch?'

Gwellt-gwair-gwellt-gwair

8 *Mehefin* 2012

Cafodd glas-filwyr uniaith Llydaweg ym myddin Ffrainc yn ystod y Rhyfel Mawr (ac mae'n debyg yn rhyfeloedd Napoleon cyn hynny) eu hyfforddi i orymdeithio gyda'r geiriau '*plouz-foenn, plouz-foenn*' yn hytrach na chyda'r 'chwith-de, *droit-gauche*' arferol.

Ystyr *plouz-foenn* yn y Llydaweg yw 'gwellt-gwair'. Y syniad oedd, o'r hyn a ddeallaf, bod yr hogiau yn cael eu hystyried nid yn unig yn brin eu Ffrangeg ond yn brin eu crebwyll hefyd, ac y bu'n rhaid felly wahaniaethu ar eu rhan rhwng y chwith a'r dde gyda'r geiriau cyfarwydd amaethyddol gwellt a gwair, a'r cyfryw, mae'n debyg, yn cael eu stwffio yn eu bŵts fel *aide memoire*.

P'run oedd p'run nis gwn – ond mae gennyf syniad go lew. Ond cyn dod at hynny, gwell ymhelaethu mymryn. Mi glywais y stori uchod mewn sgwrs yn ddiweddar gyda chyfaill o Lydäwr, Dominig Kervegant. Dyma foeli clustiau yn syth gan i mi glywed yr union beth mewn sgwrs arall flynyddoedd yn ôl gyda hen gyd-weithiwr o gefndir amaethyddol o Fôn. Cafodd Richard ei fagu'n blentyn mân i ddweud gwellt a gwair yn lle chwith a dde, a dywedodd ei dad yn ddiweddarach mai o'r fyddin Brydeinig yn y Rhyfel Mawr y daeth yr arferiad i ymwybyddiaeth y teulu. Ia, roedd hyn yn rhan o arlwy'r fyddin yn y ddwy wlad i filwyr ieuanc na siaradai brif iaith y wladwriaeth. Byddai'n dda cael sylwadau pellach ar yr arfer rhyfedd yma gan ddarllenwyr y golofn hon.

P'run oedd p'run felly? Heb unrhyw dystiolaeth y naill ffordd na'r llall mi fentraf mai'r llaw dde oedd gwair a'r llaw chwith oedd gwellt. Pam? Mae'r enwau am y llaw dde, llaw

Clawr cyfrol yng nghyfres llyfrau plant o'r enw Plouz-Foenn.

ystwyth a *de*heuig (!) mwyafrif y ddynol ryw, yn cyfateb i dri chysyniad arall yn yr ieithoedd. Yn gyntaf 'cyfiawnder' (e.e. Ffrangeg a Saesneg: *droite* a *right*, y ddau yn golygu hawl, a'r Saesneg *right* o'i gyferbynnu â *wrong*); yn ail 'ystwythder' (Cymraeg: deheuig; Ffrangeg: *adroit*, Saesneg: *dexterous*, a'r Lladin *dexter* – y llaw dde – yn rhoi *dexterity* yn y Saesneg). Yn drydydd cawn 'de' yn yr ystyr 'deheuol', *south*. Croesewir gwynt y de mwyn yn fwy na gwynt y gogledd hyd heddiw yn y parthau hyn – ar y tir, beth bynnag. Mae'n debyg i wres y deheuwynt gryfhau'r cysylltiad positif â'r de.

Cenedl a threiglad yn unig sy'n gwahaniaethu y de (*south*) ac y dde (*right*) yn y Gymraeg. Ac mae gwair yn faethlon, yn werthfawr, ac yn gynhaliol – cysyniadau positif, fel y mae cyfiawn, ystwyth a'r deheuwynt.

Cofiaf weld llun o ffynnon Rufeinig yn yr Eidal gyda pholyn yn sefyll yn ei chanol i'r yfwr bwyso arno tra mae'n yfed. Estynnai braich arall yr yfwr i bwyso ar ymyl y ffynnon. Roedd dau fan pwyso i'r fraich arall hon, un ar y dde ac un ar y chwith. A pha un, meddech, oedd wedi gwisgo ymyl y ffynnon fwyaf, a hynny o ddigon? Oedd, roedd mwyafrif llethol y Rhufeiniaid gynt, fel nyni heddiw, yn ffafrio'r llaw dde.

Mae'r lleiafrif yn ein plith sydd â greddf y llaw chwith o dan anfantais ar sawl cyfrif. Cysylltiadau negyddol sydd i'r aswy law. Mae'r person chwithig neu drwsgl fel petai ganddo ddwy law chwith. Felly hefyd yn y Ffrangeg *gauche*. Mae'r Lladin *sinistra* yn rhoi i'r iaith Saesneg y gair *sinister*, rhywbeth amheus, rhywbeth i'w ddrwgdybio.

Er nad peth di-werth yw gwellt, nid yw'r conion gwag sy'n weddill ar ôl y cynhaeaf ŷd yn werth llawer mwy na gwely i dda byw, neu ddeunydd rhaff, efallai, neu fwyd i fuwch neu geffyl mewn cyfyngder ar ôl dihysbyddu'r gwair ddiwedd y gaeaf. (Golwg 'bwyta gwellt ei wely' ddywedir am berson gwanllyd, tenau.)

Mae'r tebygrwydd rhwng y de (*south*) ac y dde (*right*) yn ddigon dealladwy o ystyried y modd yr arferai ein cyndeidiau weld eu lle yn y byd (diddorol yw geiriau cytras sydd wedi gwahaniaethu eu hystyr trwy dreiglad yn unig). Byd wedi ei gyfeiriannu o gwmpas pegwn y gogledd magnetig yw ein byd ni, byd gwareiddiad, byd y môr, a byd y ddinas fawr. A hynny ers tro. Ond nid felly byd y tir, na byd y duwiau chwaith os yw acsis dwyrain-gorllewin aml eglwys yn awgrymu unrhyw beth o gwbl. I'r duwiol ac i'r ffermwr, y dwyrain oedd man cychwyn popeth. Onid o'r dwyrain y codai'r haul bob bore? Trowch eich wyneb at y dwyrain ac mae'r de ar eich llaw dde, a'r gogledd ar eich llaw chwith.

Amser a fu, cyn Oes y Gwair, bu'n rhaid lladd da byw yn yr hydref a'u halltu – doedd dim modd eu cynnal dros y gaeaf. Gyda'r gwair daeth golud ac o hynny ymlaen cafodd gwellt ei gysylltu â chyni a thlodi. Os nad oedd y bechgyn yn eu lifreiau yn ail ddegawd yr ugeinfed ganrif yn gwybod eu ffawd tra oeddynt yn gorymdeithio i ba uffern bynnag oedd o'u blaenau, buan iawn y deuai'n amlwg iddynt. Buan iawn y gwyddent beth oedd yn gam a beth oedd yn gyfiawn ym myd y gwair a'r gwellt.

2020
Mae hanes cyfeiriannu â chwmpawd yn y gwledydd Celtaidd yn hynod. Ychydig o ddefnydd o'r cwmpawd sydd yn y traddodiad Cymraeg os yw enwau lleoedd yn unrhyw fesur. Ambell Bwlch Deheuwynt, ond prin iawn yw'r enwau yn cynnwys y cyfeiriadau eraill. Mae hyn yn wahanol iawn i'r ieithoedd Celtaidd eraill, Gwyddeleg ac epil-iaith y Gymraeg sef Llydaweg yn arbennig. Ond mae peth tystiolaeth bod hon yn nodwedd goll o'r Gymraeg, yn rhannol oherwydd hynafiaeth a chyfoeth y geiriau a amlinellir uchod, ond hefyd oherwydd y gair Llydaweg *kleiz* am 'gogledd'. Mae'r elfen '-cledd' yn gytras â'r gair Llydaweg hwn ... a syrpréis-syrpréis, beth mae'r rhain yn ei olygu? Dyma Eiriadur Prifysgol Cymru:

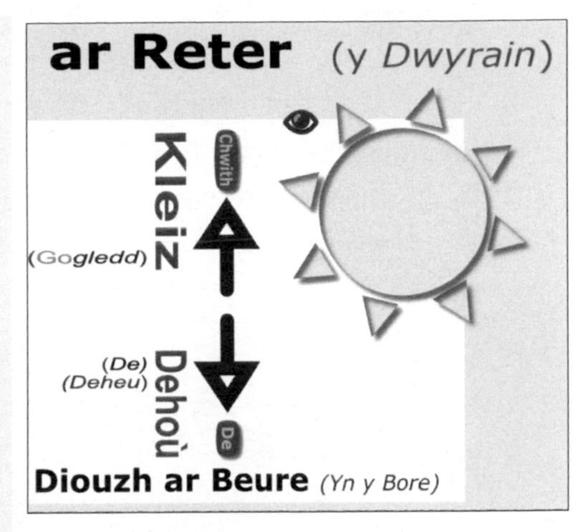

De a Gogledd, chwith a dde: adlais o batrwm hynafol yr hen ddull Celtaidd o gyfeiriannu.
Llun: Doming Kervegant

> gogledd
> [*go-+cledd2* 'llaw chwith' ac felly'r cyfeiriad i'r ochr chwith wrth wynebu tua'r dwyrain yw'r gogledd, Llyd. *gwalez* 'gwynt y gogledd, gwynt croes', Gwydd. C. *fochla* (< *fo-+clé*, Cym. *cledd*)]

Geiriau cyfystyr
Dyma rywbeth na welwch mewn gwerslyfrau gramadeg Cymraeg, sef geiriau cyfystyr yn wreiddiol (fel 'y de' a 'llaw

dde') sydd wedi gwahanu bellach o ran eu hystyr yn ôl ffactorau megis eu cenedl, eu nifer a'u ffurf dreigledig. Dyma restr fach i chi gnoi eich cil arnynt – pob un, trwy gyd-ddigwyddiad hyfryd (os cyd-ddigwyddiad hefyd) yn 'amgylcheddol' ac yn galw am driniaeth gan Llên Natur!

Moel: y moel(-yn) [unig./gwr.], dyn â phen moel; y foel [unig./ben.], mynydd neu godiad tir, yn aml yn ddi-goed (neu lestr gorlawn)
Cors: y gors(-ên) [unig./ben.], y cyrs [lluos.] planhigyn/planhigion o'r rhywogaeth *Phragmites communis*; y gors [unig./ben.], corsydd [lluos.] lle gwlyb lle tyf (weithiau ond nid bob amser) cyrs
Gwern: y gwern [lluos], y wernen [unig./ben.] coed/coeden o'r rhywogaeth *Alnus glutinosa*; y wern [unig./ben.], y wernydd [ar lafar yn unig? lluos.] lle/lleoedd gwlyb.

Cofiwch y bydd unrhyw arholwyr yn gwgu ar y dehongliad hwn!

Gwlad arall yw'r gorffennol ...

6 *Hydref* 2006

Mi es i Ddulyn bythefnos yn ôl yng nghanol y drycinoedd, ymysg heidiau o olffwyr brwd ar eu ffordd i wylio'r Ryder Cup, a 'mherwyl i bellter byd o'u perwyl hwy. Roedd fy mryd ar weld arddangosfa o gyrff hynafol wedi eu piclo ym mawnogydd yr Ynys Werdd. A minnau wedi cael fy swyno eisoes gan gyrff Tollund a Grauballe yn Nenmarc, a 'Pete Marsh' o Lindow Moss ger Wilmslow, beth arall oedd i'w ddysgu? Cefais fy siomi ar yr ochr orau.

Rhannau o dri chorff dyn oedd i'w gweld yng ngwyll y siambr arddangos. Ers eu marwolaeth 2,300 o flynyddoedd yn ôl cawsant eu codi, eu trin a'u dadansoddi yn ddeheuig gan gadwraethwyr. Cafwyd bod un o'r anffodusion wedi cael pryd olaf o rawnfwyd a llaeth enwyn, er y bu ei ddeiet arferol yn gigysol – arwydd mai gaeaf neu ddechrau'r gwanwyn oedd tymor ei ddienyddiad, cyn bod llysiau ar gael.

Pwy oedd y bobl hyn? A sut a phaham y cyfarfyddon nhw â'u diwedd poenus ac unig yn eu beddi corsiog? Pobl Oes yr Haearn oedd pob un: dynion ieuanc, un bach ei gorff ac un mawr, cyhyrog. Cawsant eu trywanu a'u poenydio cyn cael eu clymu i'r ddaear wlyb gyda rhwymau o gyll plethedig.

Nid oedd ôl traul gwaith ar eu dwylo, ac roedd eu hewinedd wedi eu trin. Gwisgai un ohonynt fwstásh a locsyn 'gafr'. Roedd ei wallt yn hir ar gorun ei ben ac yn fyr ar yr ochrau, ac roedd y mwng hwn wedi ei drin â rhyw fath o *gel* y gellir ei olrhain i wledydd Ffrainc neu Sbaen. Mae'r *gel* a'i darddiad egsotig, a chyflwr y dwylo, yn awgrymu bod y dynion yn mwynhau safle cymdeithasol uchel tra oeddynt yn fyw.

Roedd y didennau (*nipples*) wedi eu torri oddi ar fron un o'r cyrff. Bu'n arferiad yn yr oes honno i frenhinoedd roi sugn symbolaidd i ddeiliaid ac israddolion, fel arwydd o'u grym trostynt. Roedd amddifadu rhywun o'r modd i wneud hynny yn gyfystyr â'u hamddifadu o'r modd i fod yn frenin. Darganfuwyd pob un o'r cyrff ar ffiniau hen diriogaethau'r *tuath* (gair cytras â 'tylwyth', y llwyth). Parhaodd y ffiniau hyn i'r cyfnod hanesyddol gan ymddangos ar fapiau cynnar maes o law.

Pam dienyddio brenin? Ai penaethiaid y tylwyth drws nesaf oedd y cyrff, a lleoliad eu cystudd yn arwydd o ffin diriogaethol? Ai canlyniad un brenin yn gorchfygu un arall oedd y cyrff, ynteu heriwr am awdurdod a gollodd y dydd?

Roedd grym awdurdod penaethiaid yr oes hon ar drugaredd tywydd ffafriol a chynaeafau ffyniannus. Byrhoedlog felly fyddai pob teyrnasiad. Es adref yn myfyrio ar eiriau'r awdur a ysgrifennodd fod y gorffennol yn wlad arall – maent yn gwneud pethau yn wahanol yn y fan honno. Ydi, mae torri tethi a sugno bronnau brenhinoedd yn ymddygiad digon od i rywun o'r unfed ganrif ar hugain. Ond i mi, nid oedd fymryn odiach na gweld y byd a'i frawd yn hedfan trwy stormydd Medi i wylio golff!

2020

Mae'n rhan o'r Cyflwr Dynol, dwi'n siŵr, yr anhawster sydd gennym i weld y byd trwy lygaid pobl wahanol i ni, mewn gwledydd neu gyfnodau gwahanol ... ac i weld ein ffyrdd bach od ni fel yr hyn ydyn nhw – od! Mae Brexit (heb sôn am dorri tethi brenhinoedd!) yn arwydd bod y rhyfel diwethaf, er enghraifft, bellach wedi pasio i Fröydd Hanes, a sicrwydd ein byd bach 'heddychlon' ni heddiw yn ddi-sigl (canlyniad anochel, efallai, i ddysgu'r pwnc yn y cwricwlwm Hanes?).

Mae'r gwendid hwn ynom, bellach, yn argyfyngus.

Doedd gan ein cyfaill o'r mawn ddim syniad yn ystod ei fywyd am wir natur yr antur fawr roedd yn rhan ohono. Doedd ganddo ddim rheswm i'w boenydio'i hun am yr armagedon hinsawdd fyddai'n dod i ran ei ddisgynyddion yn yr 21ain ganrif. Ond *mae* gennym ni fwy na syniad bod ein byd ar fin – na, *yn* – newid yn syfrdanol o flaen ein llygaid, a hynny nid er gwell.

Bûm yn gwrando ar yr Athro Kevin Anderson o Fanceinion yn ddiweddar yn traethu am y newidiadau mawr sydd ar droed dros y byd. Fe'n hatgoffodd (oes, mae'n rhaid cael ein hatgoffa dro ar ôl tro) fod y byd wedi twymo +1°C ers dechrau'r cyfnod diwydiannol, ac eisoes mae rhannau o'r byd yn boddi a rhannau ar dân. Os na weithredwn ar fyrder, meddai – rhywbeth dydyn ni ddim yn ei wneud – rydym ar y ffordd i greu byd fydd wedi cynhesu +4°C erbyn diwedd y ganrif.

Dychmygwch! Roedd yr Athro Anderson yn ddigon llednais ei broffwydoliaeth ... fydd y Ddaear bedair gradd yn gynhesach ddim yn wlad arall ond yn blaned arall. Dyna bris ein diffyg dychymyg.

Pam fod newid tymheredd yn broblem?

'Beth yw un radd gyfartalog rhwng ffrindiau?' meddech (heb sôn am bedair gradd!). Ond gwerthoedd cyfartalog ydi'r rhain. Mae dweud bod eich cyfaill fodfedd yn dalach na chi yn un peth – mae dweud bod cyfartaledd taldra pobl bymtheg oed dros Ewrop gyfan fodfedd yn fwy nag oedden nhw dair canrif yn ôl yn rhywbeth gwahanol iawn. Dyna ydi natur 'cyfartaledd' a dyna pam fod rhaid poeni wrth glywed gan wyddonwyr bod hinsawdd y byd un radd yn uwch heddiw ar gyfartaledd nag yr oedd yn 1850. Yr 1850au oedd cyfnod cychwyn y Chwyldro Diwydiannol, pan oedd glo (tanwydd ffosil sy'n seiliedig ar garbon) yn pweru diwydiannau trymion am y tro cyntaf. Cododd lefelau sgil-

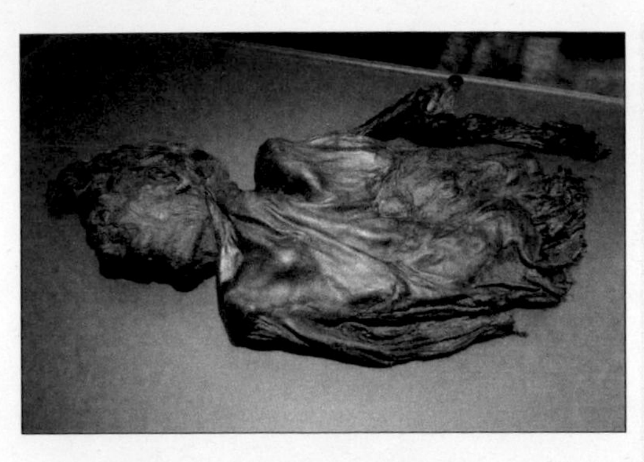

Gweddillion Dyn Tollund yn fuan ar ôl ei ddarganfod

gynhyrchion llosgi glo (megis nwy carbon deuocsid) yn yr atmosffer yn ddiball byth ers hynny (ac mae'n dal i godi) gan amharu'n gynyddol ar allu'r Ddaear i waredu'r gwres. Mae carbon deuocsid yn gweithio fel y gwydr mewn tŷ gwydr, ac mae'r 'gwydr' hwn yn newid hinsawdd y Ddaear ac yn bygwth nid yn unig y systemau naturiol sydd yn ein cynnal, ond hefyd dyfodol ein gwareiddiad. Dyna pam y dylai'r 1°C presennol, a'r 4°C a ragwelir o fewn oes y ieuengaf yn ein plith, fod yn destun braw mawr i ni i gyd.

Haf poeth 1976

Tachwedd 2006

Llofruddiaeth JFK, hunllef Chernobyl a 9/11 ... felly hefyd haf crasboeth 1976. Mae pawb yn cofio lle'r oeddynt ar y pryd. A hithau'n fis Tachwedd bellach, bu bron i mi anghofio i union 30 mlynedd fynd heibio ers y flwyddyn gofiadwy honno. Blwyddyn gyntaf gyrfa newydd fel warden gwarchodfeydd natur oedd hi i mi, ac yn ddiweddar bûm yn mynd trwy fy hen lyfrau cofnodion i ddwyn i gof rai o'r uchafbwyntiau – a'r isafbwyntiau. Gwnaed mynych gymariaethau rhwng yr haf eleni a'r enwog '76. Ond ydi'r gymhariaeth yn un deg? Adnabyddir tri math o sychder: sychder amaethyddol, sychder hydrolegol, a sychder meteorolegol.

Mae'r cyntaf yn ymwneud â chyflenwad annigonol o'r glaw haf sydd i fod i ddigolledu cnydau o'r dŵr maent yn ei ddefnyddio wrth dyfu. Mae'r ail yn ymwneud â phrinder glaw'r gaeaf, sydd i fod i ailgyflenwi'r cronfeydd dŵr ar gyfer defnydd diwydiannol a domestig.

Ac mae'r trydydd yn cymharu'r glawiad gyda rhyw gyfartaledd penodedig. Yn wahanol i 2006, roedd 1976 yn sychder ar bob un cownt, ac er gwaethaf cynhesu'r hinsawdd, ni chafwyd cyfnod tebyg iddo wedyn [hyd 2006].

Roedd hi'n 'flwyddyn soflieir', er i'r flwyddyn ganlynol ragori arni yn hynny o beth. Petrisen fach heb fod llawer mwy nag aderyn to yw hon, sy'n ffynnu yng ngwledydd y de ac yn cyrraedd y parthau hyn yn achlysurol – llawer llai achlysurol erbyn heddiw. Mi glywais alwad ddigamsyniol y ceiliog 'sut-mae-siw, sut-mae-siw' mewn cae ŷd ger Llyn Ystumllyn ar y cyntaf o Awst.

Yr hyn a nodweddodd '76 yn arbennig oedd effaith y

Ger meini'r orsedd, Parc y Mileniwm Llanelli 08/08/2014. Tra oedd rhai yn cael eu hanrhydeddu â gwisgoedd glas, gwyrdd a gwyn yn y seremoni gerllaw doedd hon yn poeni dim am dorri'r dress code.

gwres tanbaid a diysbaid ar y coed. Manteisiodd chwilen clwyf y llwyfen ar wendid y coed llwyf. Prin oedd yr haint wedi gafael arnynt yng Nghymru cyn hynny, ac aeth y difrod rhagddo fel tân gwyllt [anghytunwyd â hyn yn ddiweddarach gan y gwladwr craff, y diweddar Ieuan Roberts, Llanbedr Pont Steffan]. Crinodd ddail y coed bedw a'r derw (er i lawer ailgadeirio rhywfaint pan ddaeth glawogydd yr hydref o'r diwedd). Eleni hefyd bu i ddail y coed bedw ddechrau troi eu lliw ymhell o flaen eu hamser, ond fe arbedwyd yr un dynged i'r deri, diolch i'r Awst gwlyb.

Roedd hi'n flwyddyn o bryfed diddorol, megis mewnfudwyr fel ieir bach melyn [gloÿnnod llwydfelyn yw'r enw erbyn hyn], ac ieir bach tramor [mentyll tramor]. Mae'r rhain yn fwy cyfarwydd i ni heddiw. [2006 cofiwch, cafwyd llawer llai o'r cyntaf yn y degawd presennol ond mewnlifiad anferth o'r ail yn 2019.]

Gwelais loÿnnod byw megis brithribinau porffor (*purple hairstreaks*) yn mentro o'u coedwigoedd derw arferol i anialdiroedd agored y Rhinogydd i chwilio am leithder. A dim ond ar ôl i'r holl sioe ddod i ben y cefais wybod am un dieithryn nodedig, sef yr arswydus walchwyfyn penglog (*death's head hawkmoth*). Mae'n rhaid bod yr oedolion wedi cyrraedd yn anterth y gwres, cyn i ddau chwiler ddod i'r fei o dan wlydd tatws garddwr syfrdan o Ddyffryn

Ardudwy. [Cafwyd rhai yr un flwyddyn yn Nhregarth.]

Ond y rhyfeddod mwyaf oedd Dennis Howells AS. Cafodd ei benodi gan lywodraeth Harold Wilson i'r swydd aruchel a newydd sbon danlli grai, i fod yn Weinidog y Sychder. Dyma weinidog mwyaf llwyddiannus unrhyw lywodraeth erioed, o'i fesur wrth ei ffrwythau. Fe'i penodwyd i'r barchus swydd ddiwedd mis Awst, ac ymhen pythefnos daeth y glawogydd Medi mwyaf ers blynyddoedd. Cyffyrddiad rhwng dyfroedd cynnes ac awyr laith Bae Biscay, ac awyr oerach yr hydref yn uwch-haenau'r atmosffer oedd yr achos, meddai'n gwyddonwyr. Ond roedd Llywodraeth ei Mawrhydi, a Dennis y Dilyw, yn sicr yn gwybod yn well!

2020

Rhyfeddod arall haf poeth 1976, rhyfeddod a fu'n cystadlu hyd yn oed efo Dennis Howells, oedd y pla o fuchod coch cwta, y chwilod bach coch gyda smotiau duon a ymddangosodd yn anterth gwres y flwyddyn honno. Soniwyd amdano'n helaeth yn y papurau yng Nghymru a Phrydain (ond rhaid i mi ddweud, ni chofiaf unrhyw beth anarferol yn hynny o beth yn ardal glannau môr Ardudwy lle roeddwn i'n byw ac yn gweithio ar y pryd).

Cyfrodd rhyw Mr. Payne, Spritehall Lane, rhywle yn Lloegr, ar 24 Gorffennaf y flwyddyn honno, tua 17,500 o fuchod cwta saith smotyn (y math mwyaf cyffredin ar y pryd). Roedd yr hanner cant o erddi o'i gwmpas gyda niferoedd tebyg, ac fe amcangyfrodd y cyfaill fod hanner miliwn o bryfed yn y cyffiniau bychain hynny yn unig.

Dyma un o nifer o atgofion y pla a gofnodwyd yng ngogledd Cymru, gan Olwen Evans (cofnod 18 Gorff 2013): 'Y Tywydd poeth 'ma yn gwneud imi feddwl am haf poeth 1976 – cofio fel y bu pla o fuwch goch gota a gwelais bentyrrau mawr – miloedd – wedi marw o dan feinciau tua Phrestatyn. Roedd digon i lenwi sawl rhaw dân. Mae'n ddigon posib mai mis Awst oedd hi, gan fy mod yn byw yn Nhreffynnon adeg hynny a'm rhieni wedi dod i aros a hithau'n wyliau haf. Dwi'n cofio'r gwres llethol gan fy mod yn feichiog drwy'r haf ac yn dysgu tan ddiwedd y tymor. Bu i Elenid gael ei geni ar y 13eg o Fedi a bu'n bwrw yn o sownd wedi inni ddod adre o'r ysbyty.'

Y rheswm a gynigiwyd i esbonio'r plaoedd hyn gan arbenigwr oedd i'r haf poeth a sych beri i blanhigion aeddfedu'n gynt nag arfer gan adael y boblogaeth o lyslau (affidau), prif fwyd y buchod, heb gynhaliaeth. Bu i'r chwilod llwglyd farw'n raddol gan fethu â chenhedlu'r cnwd nesaf ohonynt. Bydd yn ddiddorol gweld, meddai'r arbenigwr ar y pryd, beth fydd hanes y buchod yn 1977, y flwyddyn ganlynol. Rhagwelwyd y byddai prinder.

Ydi'r prinder o gofnodion amdanynt yn y flwyddyn ganlynol yn arwydd o brinder go iawn, tybed? Dywedwyd gan rai yn Lloegr ar y pryd mai blwyddyn y pryf hofrol *Syrphus balteatus* (yr enwog 'hofrenbryf marmaled') oedd 1977 – pryf sy'n ddibynnol ar yr un porthiant, ac a lwyddodd, efallai, i fanteisio'n helaethach nag arfer ar y cnwd o lyslau yn absenoldeb eithriadol y genhedlaeth newydd o fuchod cwta ... o bosib.

A do, yn y cyfamser daeth tro ar fyd y buchod cwta hyd yn oed. Mae'n debyg bod poblogaeth y fuwch goch gota 7-smotyn wedi ei disodli erbyn heddiw gan y dieithryn, y fuwch gota harlecwin. Ond stori at eto yw honno.

Pry hofrol marmaled Surphus balteatus

Bugeilio'r gwenith gwyn

11 *Gorffennaf* 2008

Dywedodd y Cadfridog Charles de Gaulle, cyn-arlywydd Ffrainc, ei bod hi'n amhosibl rheoli gwlad sydd â mwy na 4,000 o wahanol fathau o gaws. Gallasai fod wedi dweud rhywbeth tebyg am win ei wlad hefyd, ac am ei bara. Yma mae torth i bob achlysur: *ficelle* (torth denau hir fel weiren), *pavé* (torth fflat fel llechen bafin), *baguette* (torth hir fel ffon) a *boule* (pelen). Faint o eiriau am dorth maen nhw eu hangen? Be sydd o'i le efo *Mighty White* a *Mother's Pride*, deudwch?

Dwi wedi treulio'r mis diwethaf yn Ffrainc i chi gael deall – ac mae pawb yn mynd i gael gwybod! Efallai fod y Ffrancwr yn gwybod cystal â neb pa mor bwysig ydi bara yn ein hanes; mae cwmnïaeth dda o gwmpas y bwrdd bwyd yn gymaint rhan o'u diwylliant o hyd. Daeth ein gair 'cwmni' yn anuniongyrchol o'u gair nhw *compagnie*, a'r gair hwnnw yn ei dro yn dod yn wreiddiol o'r Lladin *cum panis*, sef 'ynghyd â bara'. Mae'r gair yn datgan yn well na'r un gair arall mai creaduriaid cymdeithasol ydym. Yn wir, rydym yn unigryw ymhlith yr anifeiliaid yn hynny o beth, medd Martyn Jones yn ei gyfrol *Feast: Why Humans Share Food* (Gwasg Prifysgol Rhydychen), wrth i ni rannu bara o gwmpas y tân gan syllu i lygaid ein gilydd mewn cyfeillgarwch a chynhesrwydd. Rhythu

Rhannu bara a gwin, hen ddefod

ar ei gilydd gan fygwth mae creaduriaid eraill yn ei wneud. Newidiodd y tân i fod yn fwrdd, ac erbyn hyn, newidiodd y bwrdd ar ambell aelwyd i fod yn deledu.

Mae taith drwy Ffrainc ym mis Mehefin yn daith trwy gnydau a fydd yn dorthau i borthi sgwrs ymhen hir a hwyr. Rhyfeddod i ni oedd gweld pawb yn y pentrefi yn dechrau eu diwrnod trwy ymofyn torth o'r *boulangerie* (lle i werthu torthau crwn *boules* yn wreiddiol) fel y gwnaethant, am wn i, ers cyn cof. Digon o waith sicrhau bod siop o gwbl yn ein pentrefi ni. Cefais ffantasi yn aml mai actio bod yn Ffrancwyr oedden nhw er ein mwyn ni – unwaith i ni droi ein cefnau mi fydden nhw ar eu pennau i'r siop tships fel pawb arall – ac yn troi i'r Saesneg!

Roedd *ble* (gwenith), *orgue* (haidd), *avoine* (ceirch) a *seigle* (rhug) ymysg y cnydau amlwg ar y daith. Atgof yn unig sydd gennym yng Nghymru bellach o gnydau rhug, mewn enwau lleoedd megis Cae Rhug a Bryn Rhug. Dywed Martyn Jones fod yr awydd am fara gwyn neu fara can yn dyddio'n ôl ymhell iawn.

Nid cyd-ddigwyddiad mo'r tebygrwydd rhwng y gair 'gwenith' a'r gair 'gwyn' yn ein hieithoedd: gwenith gwyn, *white wheat* a *ble blanc*. I'r tlodion y perthynai'r dorth rug frown, o leiaf hyd nes i ni, y rhai mwy ffodus, ddechrau poeni am ein coluddion a bwyta'n iach. Mae hyd yn oed enwau sentimental masnachol megis y *Mighty White* a *Mother's Pride* yn cario neges oesol y bara amheuthun gwyn fel canolbwynt cynnes yr aelwyd a'r teulu.

Trodd poblogaeth Prydain o fod yn fwyafrif gwledig i fwyafrif trefol yn yr 1830au, ddegawdau cyn i hynny ddigwydd yng ngwledydd eraill Ewrop. Trefolwyd, masnacheiddiwyd a rhyngwladolwyd y diwydiant bwyd yma mewn modd nas digwyddodd yn Ffrainc. Cadwodd Ffrainc ei thraddodiad ar gost mawr hyd y presennol (cost i ni yng ngweddill yr UE mae'n rhaid dweud). Mae ei chaeau a'i siopau yn tystio i hynny ac yn fodd i ninnau gofio ein gwreiddiau yn oes y Mac-fwydydd.

Bu'n rhaid mynd i Ffrainc i weld cnwd o rug. Dyma gymhariaeth rhwng tywysen o rug a thywysen o haidd

2020

Cafodd ein diwydiant ffermio yn yr ucheldir, ac (yn ddadleuol) ein hiaith a phrydferthwch ein cefn gwlad, fudd ariannol o Bolisi Amaeth Cyffredin yr Undeb Ewropeaidd. Rŵan, wrth i ni adael yr UE ac yng nghanol yr argyfwng amgylcheddol (sy'n her hyd yn oed i'r llywodraethau mwyaf ceidwadol), mae'n rhaid gofyn: am ba hyd y pery'r manteision hyn, ac am ba hyd ddylen nhw gael eu cadw ar y ffurf honno? Mae'r sefyllfa yn rhy hyblyg ar hyn o bryd i farnu'n derfynol, ond mae llawer iawn o bobl yn gwylio pob cam!

Enw tyddyn uwchben Rhostryfan, Arfon

I *bob oes ei esgymun a'i ych-bethau*

11 *Mai* 2007

A ninnau acw yn ceisio bod yn nain a thaid cydwybodol, gan fynd i drafferth i ysgogi delweddau positif o'r Byd Byw ym meddyliau hawdd-gwneud-argraff-arnynt ein hwyrion bach, dyna siom oedd gweld y geiriau hyn mewn llyfr diweddar dysgu'r wyddor i blant mân gan gwmni cyhoeddi nid anenwog: 'Ychafi ychafi! Ystlum yn f'ystafell i ...' Pris addysgol mawr i'w dalu am werthfawrogi rhinweddau'r llythyren 'y', dybiwn i. Rhag cywilydd y cyhoeddwyr hen ffasiwn yma, a'r byd erbyn hyn wedi hen dderbyn bod ystlumod gyda'r rhyfeddaf o ryfeddodau'r greadigaeth – a gyda llaw, yn gwneud dim drwg i neb chwaith. Felly hefyd y wahadden neu'r twrch daear, y creadur yr ydym mor hoff o'i gasáu sy'n mynychu cynefin mwyaf anghyfannedd unrhyw famal diolch i'w addasiadau cwbl unigryw.

Petaen ni wedi llwyddo i erlid y twrch daear o'r tir fel y gwnaethom i'r afanc 'slawer dydd, mi fentrwn y byddai rhywrai am ei ailgartrefu yma rhag blaen. 'Cynefindra a fag ddirmyg', ac eto fe lech yng nghalon llawer ohonom ryw gynhesrwydd tuag at y creadur hwn ar waetha'r niwsans – a gwaeth, weithiau – yr achosa i rai.

Gwylanod penwaig sydd dan y lach gan gynghorau ardaloedd glan y môr. Maen nhw'n nythu ar y simneiau, bawa mewn lleoedd na ddylent, ac yn ymosod ar borc-pei pob Briws, Jiwn, Neijal a Crys-tin ar brom Llandudno. (Gellid ychwanegu hufen iâ Jordan a Chelsea at anfarwolion Wil Sam erbyn hyn!)

Cafodd y gwylanod fantais dros ail hanner y ganrif a aeth heibio gan domenni gwastraff agored, ond mae peth tystiolaeth erbyn hyn fod bagiau plastig llawn ych-pych yn fagwrfeydd *Clostridium botulinum*, sy'n farwol i'r sawl a'i hysbeilia. Yr amheuthun (heddiw) farcutiaid cochion (esgymun yn eu dydd, mae'n siŵr) fu'n carthu strydoedd aflan y Canol Oesoedd, ac fel yn achos pobl y cyfnod hwnnw yr ydym ninnau hefyd yn haeddu ein carthwyr, a'r niwsans a ddaw gyda hwynt. 'Di-lwch yw dy degwch di' oedd barn Dafydd ap Gwilym o'r 'wylan deg ar lanw dioer' mewn oes pan oedd gwylanod yn gwybod eu lle. Nid pechadur yw pob gwylan ac ni wyddom am ba un o'r amryfal rywogaethau y canodd Dafydd ei chlodydd.

Pwy a ŵyr beth oedd cynefin yr esgymun oesol hwnnw, llygoden fach y tŷ, cyn bod tai a phobl? Ai creaduriaid sydd wedi esblygu ar y cyd â'r ddynoliaeth ydynt? Ai rhyw ddomesticeiddio o chwith – o ddyn gan anifail – sydd yma? Pethau gweddol brin ydyn nhw yn fy mhrofiad i, diolch, mae'n debyg, i lanweithdra cynyddol y ffermydd grawn a'r cas-reolau sy'n cael eu gorfodi ar y cynhyrchwr druan! Llawer gwell bob amser yw mynd i'r afael â phla trwy reoli ei fwyd yn hytrach na cheisio rheoli ei boblogaeth (gair i gall, chwi elynion y gwylanod!).

Ymosod yn uniongyrchol oedd strategaeth Hywel Dda wrth lunio rheolau cyffelyb yn ei oes yntau i reoli llygod. Y ddirwy a gofnodwyd yn yr hen gyfreithiau am ladd cath lygota'r Brenin oedd talu grawn, digon i gladdu'r corff ac yntau'n crogi gerfydd ei gynffon a'r trwyn yn cyffwrdd y llawr. Cosb gymesur â maint y broblem, bid siŵr.

2020

Ar ôl darllen hwn eto ddeng mlynedd yn ddiweddarach, sylweddolais fy mod wedi anghofio'n llwyr am *faux pas* y cwmni cyhoeddi a'u hagwedd anaeddfed (nid plentynnaidd). Mi gefais fraw o'r newydd. Dwi'n hyderu y bydd y cwmni wedi penderfynu bod ar ochr iawn Hanes

'Ychafi ychafi! Ystlum yn f'ystafell i ...': pris addysgol mawr i'w dalu am werthfawrogi rhinweddau'r llythyren 'y'.

erbyn hyn. Ond dagrau pethau yw bod creaduriaid gwyllt yn cael eu gweld o hyd yn ddim amgenach na phethau at ein defnydd ni neu'n bethau i'w diystyru fel pethau di-werth ... neu waeth.

Nid agwedd ramantaidd na sentimental mo hon ond mater o reidrwydd ecolegol bellach. Gyda rhywogaethau ar bob llaw yn wynebu trai a thranc, eu cynefinoedd dan warchae a'n dyfodol ninnau yn fregus a dweud y lleiaf, dylem sylweddoli erbyn hyn ein bod ni i gyd yn rhannu'r un blaned, a bod yr hyn sy'n dda neu ddrwg i'n cyd-greaduriaid hefyd yn dda neu ddrwg i ninnau. Gallaf fentro fod y camwedd diniwed o wawdio'r ystlum o flaen plant yn eu ffurfiant cynnar wedi cael effaith barhaol ar agweddau pob un ohonynt. Gobeithio mai cadarnhaol fydd yr effaith ar y doethaf ohonynt.

Llechen cachu iâr

16 Hydref 2009

ROEDD gan Emrys Edwards, fy hen athro Lladin ac RI ('relijus instryctions' chwadal ni blant y 60au!) yn y Cownti Sgŵl, Caernarfon 'slawer dydd, chwilen yn ei ben am ddiffyg crebwyll honedig perchnogion siop hufen iâ Bertorelli a siop dodrefn Astons ar Faes y dref.

Mynnai'r 'Philistiaid' hyn baentio muriau eu siopau mewn lliwiau gwahanol fel y byddai'r lliw yn newid ar draws yr arysgrif PATER NOSTER BUILDINGS – y geiriau a redai ar hyd brig yr adeilad – rhwng yr O a'r S yn y gair '*noster*' gan chwalu, fel petai, ystyr yr enw.

'Ein Tad' yw ystyr *pater noster*, ac o'r gair *pater* cawn ein gair 'pader'. Pechu ddwywaith felly oedd hi yng ngolwg yr hen athro – pechu'r Lladin a phechu'r Ffydd.

Mewn cyfnod diweddarach bûm yn arfer, rai nosweithiau Sadwrn, mynd am y Ghandi yn Stryd y Plas gerllaw i nôl 'Indian'. Ar yr un lefel ag arysgrif y *pater noster* ond ym mhen arall y Maes, ymhell uwchben rhialtwch diarhebol Sadyrnau Caernarfon, rhyfeddwn at y fintai ffyddlon o siglennod brith (sigl-di-gwts i chi a fi) yn ceisio lloches nos yn nannedd y gwynt a'r glaw yn yr hiciau rhwng y cerrig ar wal y castell. Pryd ddechreuon nhw

Arysgrif Paternoster uwchben Maes Caernarfon

ymarfer y fath gast ofer ac anobeithiol, a phaham nogio yn y diwedd? Mae'r cerrig, a'r hiciau, yno o hyd. Dydi'r Ghandi ddim.

Dyma'r math o atgofion a ddeuai i'm meddwl wrth ddilyn y daearegydd Ray Roberts o'r Cyngor Cefn Gwlad trwy hen strydoedd y dref ddechrau mis Medi eleni gyda chriw o selogion Cymdeithas Edward Llwyd. Daeareg deunydd yr adeiladau oedd testun y daith, ond bu'n gyfle i hel atgofion hefyd i'r Cofis yn ein plith. Paham, tybed, y penderfynodd cynllunwyr siopau Woolworth osod wyneb o *larvikite* du o dan ffenest eu cangen yn Stryd y Llyn a llawer cangen Woolies arall dros y Deyrnas? [Daeth tro ar fyd i'r cwmni hwnnw hefyd erbyn hyn, ond mae ei waddol o *larvikite* yno o hyd, dan berchnogaeth newydd.]

Math o ithfaen o Sweden ydy *larvikite* meddai Ray. Mawr a brwd aed y dadlau p'un ai a oedd y fath garreg o dan ffenestr Woolies yn y Bermo ai peidio, a pham nad oedd yr un yn harddu Woolies Port. Yn ôl i'r maes wedyn i ystyried craig arall sy'n cynnal cerflun coffa Syr Huw Owen, craig a ffurfiwyd mewn tywod ar wely'r môr, lle crëwyd patrwm nadreddog ar ei hwyneb gan greaduriaid mewn oes gynnar wrth iddynt aflonyddu'r tywod fel lwgwns heddiw. Bio-twrbideit oedd gair Ray am y graig hon.

Ond gan frodor o'r Blaenau daeth y sylw mwyaf gafaelgar. 'Llechen cachu iâr' yw term y dref honno am y clytiau llwydwyn sy'n britho llechi ym mhob man, gan gynnwys palmentydd newydd y Maes. Smotiau rhydwytho (*reduction spots*) ydi'r rhain meddai Ray, sef adwaith cemegol o amgylch tamaid o rywbeth organig neu fineral yn y gwaddod gwreiddiol. Mae'r smotiau yn grwn i ddechrau, ond wrth i'r cerrig llaid gael eu gwasgu'n gam i greu llechen maen nhw'n newid i ffurf wy elipsoid. Mae hyn yn galluogi daearegwyr i amcanu maint a chyfeiriad y straen a fu ar y graig wrth iddi gael ei stumio i wneud llechen.

Dyna godi ein golygon drachefn i ystyried y *pater noster* eto, a dywedodd un pysgotwr yn y cwmni mai lein 'sgota ydi patarnostar, lein â phlwm ar ei blaen (sef y tad) a thrawst wedi ei glymu iddo i gynnal y leins o boptu gydag abwyd arnynt (sef y plant).

'Tybed?' meddai rhai Tomosiaid yn ein plith, gan gynnwys myfi. Ond ar fy ngwir, ar ôl cyrraedd adref ac edrych yng ngeiriadur mawr Prifysgol Cymru dyna lle roedd 'Pater Noster' wedi ei gofnodi fel gair llafar yn y gogledd ar y ffurf 'patarnostar', yn golygu 'lein bysgota ac arni nifer o leiniau bychan a bachau wrthynt'. O chwi o ychydig ffydd!

Llechen Cachu Iâr: term y Blaenau am y clytiau llwydwyn sy'n britho llechi ym mhob man, gan gynnwys palmentydd newydd y Maes, Caernarfon.

2020

Cafodd ymddygiad noswylio a chlwydo siglennod brith ei astudio'n helaeth drwy Ewrop. Ar ôl magu mae'r teuluoedd yn asio i ffurfio cynulliadau mwy mewn cyrs a mân goed yn bennaf, ond hefyd yn aml mewn sefyllfaoedd agosach at ddyn. Mae'r sefyllfaoedd mwy artiffisial hyn yn cynnwys y tu mewn i dai gwydr, a breichiau offer gogrwn carthion mewn ffermydd carthffosiaeth. Ond dim sôn am ochr wyntog waliau cestyll!

Mae dau gorwynt yn anghyfrifol

Ionawr 2007

Ar ôl corwynt Bow Street (Ceredigion, 27 Tachwedd 2006), toc daeth corwynt arall – y tro hwn i Kensal Rise yn Llundain (7 Rhagfyr 2006). Gallai enwau'r lleoedd hyn fod yn cyfeirio at bentrefi mor gartrefol â'r sgwariau ar fwrdd Monopoli, neu at orsafoedd trên cysglyd ar gangen leol ym mherfeddion Sussex. Yn y fath leoedd, i aralleirio Oscar Wilde ('gellir ystyried colli un rhiant ... yn anffodus; mae colli dau yn edrych fel esgeulustod'), byddai un corwynt mewn wythnos yn anffodus, ond byddai dau yn anghyfrifol!

Diddorol oedd nodi ymateb tystion Kensal Rise i'r *twister*: 'roedd fel bom yn ffrwydro', ac '*it was like the Wizard of Oz*'. Cofiwch chi, er 'mod i'n fwy cyfarwydd na'r rhelyw â gwyntoedd egr, a minnau'n byw ar ochr mynydd ar gyrion Eryri, wn i ddim chwaith sut y buaswn innau wedi disgrifio corwynt o'm profiad fy hun ... heb reg, o leiaf.

Corwynt Kensal Rise 2006

Mae corwynt, am a wn i, mewn cynghrair uwch eto na storm, ac yn Kensal Rise nid oedd geiriau trefol yr unfed ganrif ar hugain, rywsut, yn atebol i ddisgrifio'r fath amlygiad anhrugarog o Natur amrwd. Hollywood oedd yr unig angor i'r trueiniaid hyn yn y ddrycin a ddaeth i'w rhan. Mae unrhyw gorwynt yn beth digon prin – heb sôn am ddau. Ac mae dau gorwynt mewn wythnos yn yr un rhan o'r byd yn llawer mwy nag un corwynt ddwywaith.

Bûm yn arfer wfftio bob tro y dywedai rhywun fod hyn-a-hyn o dywydd yn arwydd o'r Cynhesu Hinsawdd bondigrybwyll, neu, pe bai'r sawl hwnnw yn Amheuwr, bod hyn-a-hyn o dywydd o fath arall yn golygu mai myth yw'r cyfan. Tywydd yw tywydd – ffenomen feunyddiol, hanfodol gyfnewidiol, ddoe, heddiw ac erioed. Yr unig beth digyfnewid am y tywydd yw Newid ei hun. Ni all un digwyddiad ynddo'i hunan brofi dim am hinsawdd. Ond pryd felly mae Tywydd yn troi yn Hinsawdd? Mewn gair, pan fydd y tywydd yn ffurfio patrwm. Mae'n cymryd llai o enghreifftiau o dywydd anghyffredin i ffurfio patrwm arwyddocaol nag y buasai cyfres o ddigwyddiadau tywydd mwy cyffredin. Dyna paham mae Bow Street a Kensal Rise yn arwyddocaol.

Nid yw'r grymoedd aruthrol sydd y tu ôl i'r corwyntoedd hyn yn dod o ddim. Yr wythnos ddiwethaf ceisiais ddangos mai Cefnfor yr Iwerydd oedd y peiriant arswydus y tu ôl i brofiad trist rhai o drigolion Bow Street. Felly hefyd yn ddi-os y corwynt diweddaraf. A phaham? Mae'r wybodaeth am dywydd tymor yr hydref eleni bellach wrth law gan wasanaethau meteorolegol Ewrop, ac nid yw'r adroddiad yn brofiad pleserus iawn i'w ddarllen. Profwyd yn y tri mis dan sylw y gwyriad positif mwyaf – o lawer – oddi wrth gyfartaledd tymheredd yr hanner canrif ddiwethaf, ac yn bur debyg, oddi wrth gyfartaledd y pum canrif ddiwethaf. Yn waeth, cyn eleni, tymor yr hydref y llynedd oedd y mwyaf. Roedd gwyriad eleni yn fwy fyth. Unwaith eto, mae dau ddigwyddiad anarferol yn llawer mwy nag un ddwywaith.

Bu'n hydref annhymhorol o gynnes eleni, a'r llynedd, i

raddau cwbl ddigynsail. A beth sydd a wnelo hynny â'r corwyntoedd? Egni, lot fawr ohono, heb yr unlle i fynd ... ond i greu trafferth i ni. Ac o ble ddaeth yr holl egni? On'd ydym ni'n gwybod yn iawn? Carbon deuocsid ein pwerdai, ein ceir a'n hawyrennau sy'n aros yn yr atmosffer ac yn creu Effaith y Tŷ Gwydr. Ydi, mae un corwynt yn anffodus, ond mae dau yn esgeulustod llwyr.

2020

O gorwynt i drowynt: dyma hanesyn anarferol o fath arall, a hwnnw o lygad y ffynnon. Dyma brofiad Celt Roberts:

'Dydd Mercher 7fed Rhagfyr 2011. Roedd hi'n fore braf a heulog ac wrth deithio roedd hi'n hawdd gweld pob hafn a chraig ar lethrau'r mynyddoedd. Roedd hi'n fore hynod o glir. Roedd yr hin yn fain ac roedd y gwynt yn chwythu'n gryf mewn mannau agored. Roedd hi ychydig wedi hanner dydd erbyn hyn. Roedd Meira, fy ngwraig, a minnau yn teithio yn y car rhwng Beddgelert a Chaernarfon ar ffordd yr A4085. Mae'r ffordd yn dringo o Feddgelert hyd at ble dowch i olwg Llyn y Gadair, sydd ar ochr chwith y ffordd. Wedi cyrraedd at y man hwn, cefais gip ar rywbeth y gwyddwn ar unwaith ei fod allan o'r cyffredin. Amneidiais ar Meira i edrych i gyfeiriad y llyn. Roedd yr hyn a welsom yn rhyfeddol. Yr hyn dynnodd fy llygad gyntaf oedd swm enfawr o ddŵr yn codi o'r llyn. Codai'r dŵr gan ddisgyn a tharo yn erbyn y lan fel anferth o don. Disgynnodd llawer o'r dŵr yn ôl i'r llyn ac ar hyd y lan agosaf at y ffordd.

'Chwyrlïodd y gweddill fel cawod fawr o law i ffwrdd o'r llyn, gan droelli draw tuag at y ffordd. Yno chwipiwyd ychwaneg o ddŵr i'r awyr. (O weld wedyn roedd ffrwd fechan yn rhedeg o dan y ffordd i gyfeiriad y llyn.) Roedd y pellter rhyngom ag ef bellach yn llai na chanllath. Gallem weld yn glir weiriach, dail a phob math o dyfiant yn chwyrlïo'n uchel a bellach wedi croesi'r ffordd. Yn y cae roedd nifer helaeth o ddefaid, ac mewn amrantiad roeddynt yn chwalu i bob cyfeiriad. Yn amlwg yn dianc am eu heinioes, yn sicr wedi eu dychryn yn arw. Digwyddodd y cyfan mewn ychydig eiliadau. Roeddem yn sylweddoli ein bod wedi bod yn dyst i drowynt nerthol.

'Diflannodd dros erchwyn bryn tu draw i'r defaid a phopeth fel cynt, fel pe na bai dim wedi digwydd. O gofio lle roedden ni, allwn i ddim llai na meddwl fod cyswllt â'r llwynog hwnnw yn y soned ac mae'r geiriau 'syfrdan y safodd yntau' a 'digwyddodd, darfu megis seren wib' yn dod i'r cof. A rhag i rywun ofyn, oedd, roedd gen i ffôn allai fod wedi cadw'r cyfan ar gof a chadw, ond mi ddigwyddodd mor ddisymwth fel na chefais amser hyd oed i feddwl am gamera heb sôn am feddwl ei weithio. Er i mi stopio'r car i weld yr olygfa ryfeddol hon doeddwn i ddim digon effro i agor ffenestr y car i wrando chwaith. Ond mae'r llun yn dal gennym ni ein dau a fyddwn ni ddim yn anghofio am drowynt Llyn y Gadair yn fuan iawn.

'Bûm yn sôn am y peth wrth gyfaill i mi o Feddgelert, ac yn rhyfedd iawn roedd mab iddo yntau, sy'n teithio'r ffordd rhwng Beddgelert a Chaernarfon yn rheolaidd, wedi gweld rhywbeth reit debyg ar Lyn Cwellyn yr un wythnos. Roedd yntau hefyd wedi stopio ei gar er mwyn gwylio.'

Trwy lygad y bardd

9 Chwefror 2007

Weithiau gallwn ni naturiaethwyr fod yn greaduriaid ddigon rhyfygus, yn barod i hawlio monopoli ar Fyd Natur fel petai pawb arall yn ddall i bethau byw. Mae gan y beirdd digon i'w ddweud ar y pwnc, ond mae gwerth eu sylwadau yn amrywio. 'Hed hebog fel dart heibio...' meddai Eifion Wyn, a 'thrwy y drain y dyry dro'. (Gweler hefyd tud. 29.) Dim ond y gwalch glas (*sparrowhawk*) a allai fod dan sylw yn y geiriau hyn ond gallasent hefyd fod wedi eu hysgrifennu ar ôl darllen paragraff am yr aderyn mewn llyfr. Go brin fod 'ei wgus lygaid yn tanbeidio' yn rhan o brofiad gweld hwn yn hela. Ar y llaw arall cymerwch 'untroed oediog' llwynog R. Williams Parry. Mae'r ddau air hyn yn eu cyd-destun yn cyfleu profiad personol y bardd sy'n taro tant i bob un ohonom sydd wedi dal y creadur hwn yn ddiarwybod iddo erioed. Felly hefyd ffwlbart Gwenallt 'fel smotyn inc ar y ddôl'. A Thomas Hardy wedyn '*like an eyelid's soundless blink, the dewfall hawk comes crossing the shades to alight upon a wind-warped upland thorn...*' – beth arall yw hwn ond cudyll coch ar ei ffordd i glwydo ar ryw ffridd neu'i gilydd, os oes ffriddoedd yn Dorset, ac yn glanio ennyd yn y gwyll ar goeden ddrain gnotiog unig.

'Hed hebog fel dart heibio ...'
Llun: Eifion Griffiths.

Afraid dweud bod

Shakespeare hefyd yn glamp o naturiaethwr. Roedd pob sylw ganddo am natur yn amlwg yn deillio o'i brofiad ei hun. '*I know a bank where the wild thyme grows*' meddai yn y *Midsummer Night's Dream*, sef union gynefin y teim – brig clawdd sych, llwm yn llygad yr haul. Llwyddodd John Keats i gyfleu cân a chynefin yr eos ymhob sill o'i *Ode to a Nightingale* heb ddweud dim arall am yr aderyn fel y cyfryw. Cefais y cyfle un tro i drafod y gerdd hon gyda graddedigion mewn llenyddiaeth Saesneg, a gwelais yn syth nad oedd ganddynt y gwerthfawrogiad lleiaf o'r rhythmau cynnil sy'n galluogi i gân yr aderyn hwn ddiasbedain o'r llinellau hudolus.

Nid yw sylwadau'r beirdd hyn o ddiddordeb arbennig i naturiaethwr, serch hynny. A bwrw mai tynnu ar gof eu plentyndod y maent, nid oes lle i amau fod y gwalch glas yn dartio trwy ddrain ardal Porthmadog yn oes Eifion Wyn. Na chwaith fod llwynogod i'w gweld ganllath o gopa pob un o fynyddoedd Dyffryn Nantlle yn ystod plentyndod R. Williams Parry. Ac ydi, mae'n ddifyr, ond nid yn syndod arbennig, bod ffwlbartiaid i'w gweld yng Nghwm Tawe'r bardd Gwenallt yn nechrau'r ganrif ddiwethaf, ac eosiaid nid nepell o Lundain yn oes Keats (os nad yn Berkeley Square ei hun, hyd yn oed!).

Ond beth am eos Dafydd ap Gwilym a'i 'salm wiw is helm o wiail'? Neu frain coesgoch William Shakespeare o'u gwylio oddi fry islaw clogwyni gwynion Dover yn y ddrama am y Brenin Llŷr... '*the crows and choughs that wing the midway air show scarce so large as beetles*'? A glywodd Dafydd gân yr eos erioed? Ai brain coesgoch a welodd yr William ieuanc, ac os felly, ai yn y fan honno y'u gwelodd mewn difri? Ni fu'r un eos ar gyfyl bro Dafydd ap Gwilym ers amser maith, os erioed, fel creadur cyffredin. Ac nid adar Caint ond Penfro a Llŷn oedd brain coesgoch ers cyn y cof hwyaf. Dyna sydd o ddiddordeb i'r naturiaethwr. Gall beirdd, yn ddiarwybod, ac yn eu ffordd ddihafal, godi'r cwestiynau. I ran eraill y daw'r gwaith o'u hateb – os oes atebion.

2020

Dywedir mai dwy ochr yr un geiniog yw celfyddyd a gwyddoniaeth. Dwy ffordd o edrych ar yr un byd. Dywedodd Philip Sidney (1554–1586; bardd, gŵr llys, ysgolhaig a milwr) rywbeth sydd wedi aros gyda mi ers dyddiau ysgol. Dywedodd mai gwaith y gwyddonydd (*natural scientist* oedd ei air ef) yw gweld gwahaniaethau rhwng pethau tebyg, a gwaith y bardd yw gweld y tebygrwydd rhwng pethau gwahanol. Y smotyn inc ar y ddôl, y salm wiw, yr amrantiad di-sŵn – pwy fuasai'n meddwl cysylltu'r rhain â ffwlbart, eos a chudyll coch heb ddychymyg byw y beirdd. Dyna yw grym y metaffor, ac mae'n cystadlu'n deg â grym tystiolaeth wyddonol ac ystadegau. Yn bersonol, dwi'n hapus i ymhél â'r ddau.

Mae dialedd o eisiau lluniau

25 *Hydref* 2010

Fis Hydref 1756 cofnododd William Morris 'haid fawr o bysgod ym maeau Carnavon: herring hogs medd rhai [lleiddiaid neu orca ydi'r rhain], bottle noses medd eraill, a sort of young whales medd y trydydd'. Roedd y rhain yn '20 i 30 troedfedd o hyd, trwyn ysmwt a llygad yn ei ymyl' ac yn ôl Morris, cafodd tua dwsin ohonynt eu dal. Gwnaeth y digwyddiad argraff arno: 'pethau mawrfaeth ydynt' meddai, ac fel deallusion eraill ei gyfnod ac fel unrhyw naturiaethwr chwilfrydig hoff-o'i-ffeithiau heddiw, dywedodd, 'mae dialedd o eisiau lluniau'. Nid yw morfilod mor ddieithr i Gymru ag y buasai dyn yn ei feddwl, ond yr oedd ymateb pobl iddynt ers talwm yn dra gwahanol i heddiw.

Morfilod trwyn potel yw'r rhan fwyaf o gofnodion cynnar o blith y rhai sy'n enwi rhywogaeth o gwbl. Ym mis Ionawr 1846 talodd llanc o'r enw William Searell o Feddgelert geiniog i fynd i weld morfil pymtheg tunnell ger Caernarfon, ond y cwbl a glywyd ganddo am yr hanes wedyn oedd yr hanner oren roedd o wedi ei brynu ar y ffordd adref! (Efallai fod hanner oren yn fwy amheuthun iddo'r oes honno na gweld morfil!) Casglodd y naturiaethwr H. E. Forrest yn y gyfrol *The Fauna of North Wales* (1907) nifer o gofnodion yn sôn am eu hela. Ym mis Mehefin 1888 cofnododd '*whale 14' long captured after an exciting chase*' ar y Fenai, ac ar Ynys Enlli ddau fis yn ddiweddarach dyma'r hanes a gafwyd yn *Y Genedl Gymreig*: 'gwelwyd amryw o bysgod mawrion ar ein cyfer yn chwythu'r môr i fyny am lathenni nes bod fel colofnau anferth yng nghanol y môr. Yr oedd yr olwg arnynt yn rhamantus.'

Fis Gorffennaf 1890 adroddodd Forrest fod morfil arall 30 troedfedd o hyd wedi esgor ar gyw ar draeth Aberdaron, ac fe gadarnhaodd y dyddiadurwr William Jones, o'r ardal honno, y digwyddiad yn swta heb gyfeirio at y cyw: 'Daeth pysgodyn 12 llath o hyd i'r lan i Aberdaron neithiwr' – tydi pawb ddim yn gwirioni'r un fath.

Yn yr ugeinfed ganrif, yn ei lyfr *The Birds of Anglesey*, soniodd y naturiaethwr a'r athro cynradd poblogaidd T. G. Walker am forfil pengrwn yn cael ei ynysu ar draeth Llanddona ym mis Medi 1944, ac yn yr un cyfnod cyfeiriodd at ugain arall yn marw ar lannau afon Conwy rhwng y bont a Deganwy. Cofnododd y *North Wales Weekly News*, rai blynyddoedd yn ddiweddarach, yr un digwyddiad gan gyfeirio ato'n digwydd tua chyfnod y 'D-Day Landings' (sef 6 Mehefin 1944, paratoadau cudd nad oeddynt yn hysbys i Walker ar y pryd, mae'n debyg). Ysgwn i sut y bu i'r bobi lleol neu'r awdurdodau ddelio â'r morfilod – ynteu a oedd ganddynt ormod ar eu platiau ar y pryd gyda chwffio rhyw fymryn o ryfel? Oes yna rywun yn cofio? Tybed ai un o'r criw yma oedd y llamhidydd neu'r morfil y mae Rolant Williams yn ei gofio'n cyrraedd glannau Llaneilian, Môn, mewn cyfnod o eira ym mis Ionawr 1945 wrth iddo, yn fachgen ieuanc, 'gynorthwyo' achubwyr i ddod â theithwyr y *Vigsnes* o Bergen i ddiogelwch ar ôl iddi gael ei suddo gan long danfor Almaenig ar ei ffordd o Gaerdydd i Lerpwl?

Hydref 1986: cafodd morfil trwyn potel ei olchi yn fyw i lannau'r Traeth Coch, Môn

Yn Hydref 1986

cafodd morfil trwyn potel ei olchi yn fyw i Draeth Coch, Môn. Nid ei flingo a'i odro o'i olew oedd yr ymateb erbyn hynny ond galw'r gwasanaeth tân – nid oherwydd ei fod yn wenfflam, ond i geisio'i ddychwelyd i'r dwfn ac i ddiogelwch. Hynny a wnaethpwyd ar hen fatresi, ond yn anffodus ofer fu'r ymdrechion, ac fe'i cafwyd yn gelain ychydig ddyddiau wedyn ar draeth Deganwy.

Yn ddiweddar hefyd bu'r awdurdodau yn brysur gyda morfilod. Yn eu plith roedd morfil trwyn potel yn Nhalacre fis Hydref 2009, ysgerbwd morfil pengrwn yn Llandanwg ym mis Rhagfyr, ac un arall ym Morfa Bychan yn ystod yr un mis. Cafwyd, am y tro cyntaf, forfilod pigfain (*minke*) – un yn y Barri; ac ym mis Awst eleni, ger Hafan y Môr, Pwllheli, daeth ymwelydd ar draws un arall 25 troedfedd nid nepell o'r gwersyll. Fe alwyd ar batholegydd o Sw Llundain i wneud profion arno. Do, daeth tro ar fyd.

2020

Parhaodd y morfilod i'n cyrraedd yn eu tro ers 2010, a pharhaodd y gyfundrefn i'w harolygu, i'w hachub a'u harchwilio am afiechyd, neu, fel sy'n digwydd fwyfwy bellach, am blastig marwol yn eu stumogau. Fel mae ein hôl troed yn trymhau ar y byd byw mae ein consýrn cynyddol amdano yn gynyddol annigonol i wynebu'r her.

Mi welaf yng ngeiriau William Morris egin o'r agwedd ddyngarol a chwilfrydig sydd yn ei ddyhead i gael lluniau – roedd 'dialedd o eisiau lluniau' arno ... er mwyn adnabod y morfilod, dwi'n cymryd? Roedd Morris yn byw pan oedd Oes yr Ymoleuo yn ysgubo trwy'r tir – neu o leiaf trwy garfannau o bobl fwy addysgedig (a goludog, wrth gwrs). Byddai Morris ymysg y cyntaf i ymuno â chofnodwyr brwd Prosiect Llên Natur, cronfa o wybodaeth y daeth pob un o'r cofnodion uchod ohoni. Hir oes i ysbryd goleuedig William Morris!

Y camera ffôn – bendith ynteu melltith?

Wn i ddim pa gamera oedd gan Derec Owen wrth law pan dynnodd y llun hwn – efallai nad oedd yn llwyr sylweddoli ei hun pa mor rymus oedd ei ddelwedd. Ond gallaf fentro dweud mai hwn, i mi, ydi'r llun mwyaf 'artistig' a gyrhaeddodd gronfeydd Llên Natur hyd yma. Mae'n diasbedain o negeseuon o wrthgyferbyniadau a metafforau gweledol. Dwi ddim yn meddwl i'r llun gael ei dynnu gyda chamera arbennig o dda ond y peth pwysig yw bod Derec wedi dod o hyd i fynegiant artistig nad oedd efallai yn gwybod ei fod yn meddu arno.

Ond mae ochr arall i'r geiniog hon. Nid creu gwaith celf yw prif bwrpas prosiect Llên Natur ond creu cofnodion gwyddonol defnyddiol. Ac i'r perwyl hwnnw mae ffotograff yn sefyll neu gwympo fel tystiolaeth ddilys o'r creadur, planhigyn neu ffenomen o flaen y lens. I'r diben hwn, ansawdd da yw ansawdd 'digonol'.

Un maen prawf sydd i lun o'r fath, sef ydi o'n disgrifio hynodwedd y gwrthrych yn ddigonol i roi enw arno. Rhwng y ddau begwn hyn – o'r artistig pur i'r gwyddonol pur, y goddrychol a'r gwrthrychol – mae ein dynoliaeth ddyfnaf yn trigo. Ac mae'r ffôn camera yn chwyldroadol yn ei gyfleustra, ei hyblygrwydd a'i argaeledd i bron bawb! Ond plis peidiwch â gofyn i mi am yr arian byw a'r cadmiwm a'r metalau prin eraill sy'n rhan o'u gwneuthuriad – na chwaith am y mwyngloddiau afiach sy'n eu cyflenwi. Oes mwy nag un ochr 'arall' i geiniog, deudwch?

Gwlithen ar frwynen. Llun: Derec Owen.

Masnachwyr amheuon – drannoeth y wledd

12 *Tachwedd* 2010

Dychmygwch wledd anferthol. Cannoedd o filiynau o bobl yn gloddesta. Maen nhw'n bwyta, at eu gwala, fwyd sydd yn well ac yn fwy helaeth nag unrhyw fwyd a gafwyd wrth fyrddau mwyaf ysblennydd Athen neu Rufain gynt. Un diwrnod, i'w plith, daeth dyn mewn siaced giniawa wen. Yn ei law roedd darn o bapur yr honnai mai bil ydoedd. Syfrdanwyd y gloddestwyr, wrth gwrs, gan hyn. Dechreuodd rhai wadu mai eu bil hwy ydoedd. Gwadodd eraill ddilysrwydd y bil. Bu i eraill eto wadu iddynt fwyta'r pryd o gwbl. Honnodd un ohonynt nad oedd y dyn yn weinydd go iawn ar y wledd ond yn hytrach rhywun oedd ddim ond yn ceisio tynnu sylw ato'i hun neu godi arian ar gyfer ei brosiectau. Yn y diwedd daeth y grŵp i'r casgliad y byddai'r dyn, o'i anwybyddu, yn mynd i ffwrdd.

Dyma'n sefyllfa heddiw parthed cynhesu byd-eang. Yn ystod y ganrif a hanner a aeth heibio bu'r byd diwydiannol – ein byd – yn gloddesta ar yr ynni sydd ynghlwm wrth danwydd ffosil. Ac mae'n bryd talu'r bil. Eto, buom ers tro yn eistedd o gwmpas y bwrdd yn gwadu naill ai mai ni biau'r bil, neu fodolaeth y bil, neu ddilysrwydd y bil, neu'n gwadu hygrededd y sawl sydd yn ei anfon atom. Daeth geiriau'r economegydd mawr John Maynard Keynes yn ddihareb wrth iddo grynhoi'r sefyllfa mewn brawddeg: 'Does mo'r fath beth â chinio am ddim'. Roedd o yn llygad ei le. Profwyd llewyrch heb ei hafal yn hanes y ddynoliaeth. Buom yn gloddesta hyd syrffed. Ond doedd y wledd ddim am ddim.

Mae gen i gyfaddefiad. Trosiad yw'r ddameg uchod o

lyfr a gyhoeddwyd yn ddiweddar o'r enw *The Merchants of Doubt* gan ddau Americanwr, Naomi Oreskes ac Erik M. Conway*. Maen nhw'n adrodd hanes ysgytwol am y modd y trefnodd grŵp llac o wyddonwyr, gyda chysylltiadau clòs â gwleidyddiaeth a diwydiant yr Unol Daleithiau, ymgyrchoedd llwyddiannus i gamarwain y cyhoedd dros bedwar degawd trwy wadu gwybodaeth wyddonol hirsefydledig am DDT, mwg baco, glaw asid, ac yn fwyaf diweddar, cynhesu byd-eang.

Yn rhyfeddol, dro ar ôl tro, yr un enwau sy'n codi. Rhai o'r un unigolion a fu'n hawlio nad yw gwyddoniaeth cynhesu byd-eang 'wedi ei setlo' fu wrthi yn gwadu'r cysylltiad rhwng baco a chancr, mwg glo a glaw asid, a'r cysylltiad rhwng nwyon CFC a'r twll yn yr haenen oson. 'Amheuon yw ein cynnyrch,' meddai un swyddog cwmni tybaco. Mae'r 'amheuon' yn fyw ac yn iach yr ochr yma i'r Iwerydd hefyd, ac yn cael eu pedlera yn y papurau poblogaidd Prydeinig, ac yn y cyfryngau mwy cyfrifol yn enw 'cydbwysedd'.

Cydbwysedd? Pa wedd ar gydbwysedd sy'n rhoi chwarae teg ar y naill law i wyddonwyr sy'n gorfod cynnig pob tystiolaeth i broses o adolygu gan eu cymheiriaid (*peer review*) – lle nad oes gyda llaw *ddim* anghytuno ar yr achosion dan sylw – ac ar y llaw arall i giwed o bobl gudd, gydag agenda o hunan-les unllygeidiog, a'u hensyniadau di-sail a direidus. Mae ffwndamentaliaeth y Farchnad yn yr Unol Daleithiau wedi ystumio dealltwriaeth cyhoedd y Gorllewin o rai o achosion mwyaf tyngedfennol ein hoes. Prysured y dydd pan gaiff ei ladmeryddion eu cyfri yn y fantol cyn iddi fod yn rhy hwyr.

**The Merchants of Doubt* (2010): Naomi Oreskes ac Erik M. Conway, Bloomsbury Press

2020

Pan ysgrifennais y llith hon yn 2010 roedd cyfrol Oreskes a Conway yn ddatgeliad newydd (yn sicr i mi!). Yr hyn sy'n frawychus a chalonogol yr un pryd yw'r ffaith fod y technegau a ddisgrifir gan y ddau awdur yn amlwg i lawer ohonom ddeng mlynedd yn ddiweddarach ac yn cael eu defnyddio gan yr asgell dde yn y gwledydd democrataidd Saesneg eu hiaith (gan fwyaf ond nid bob tro) yn fynych a heb fath o gywilydd. Pwy sydd heb glywed am '*fake news*'?

Mae'n frawychus oherwydd i'r sefyllfa ddwyn ffrwyth unwaith eto ar ôl arafu'n ddybryd y camau roedd eu hangen arnom i fynd i'r afael â chancr yr ysgyfaint, glaw asid a'r twll yn yr haenen oson. Y tro yma yr Argyfwng Hinsawdd yw targed y dynion llygredig, yn dilyn ethol Trump i enwi dim ond un.

Ond, yn galonogol, mae carfan sylweddol o bobl bellach wedi gweld yr hyn sy'n digwydd ac yn barod i sefyll yn ei erbyn. Y pris, wrth gwrs, (ac mae'r pris yn ddrud) ydi'r polareiddio cymdeithasol a ddigwyddodd yn ei sgil, o boptu'r Iwerydd. Does ond gobeithio y bydd doethineb yn drech, gan ganiatáu i ni wynebu'n deg yr Argyfwng sydd ar ein gwarthaf.

Mawrth a ladd ... Ebrill a fling

20 *Chwefror* 2009

Dwi wedi ymuno ers tro efo Clwb y Popwyr-pils. Mae eraill o'm cyfoedion hefyd yn yr un stad, a rhai ohonynt yn gwaradwyddo eu bod nhw yn y stad honno o gwbl. 'Onid oes gan y corff ei amddiffyniadau naturiol ei hun,' meddent, '... oni ddylem geisio gwellhad trwy addasu steil ein bywyd?' Posib iawn, ond anodd yw tynnu cast o hen geffyl weithiau. Felly, lecio neu beidio, dwi'n ufudd i'r meddyg ac yn popio'r pils mae o'n eu rhoi i mi fel petai fy mywyd yn dibynnu arnyn nhw!

Rhwng misoedd Chwefror a Mai yn y blynyddoedd 1884 ac 1885 roedd pobl yn marw fel pys. Cofnododd William Jones, amaethwr duwiol a diwylliedig o'r Moelfre, Aberdaron, un farwolaeth newydd bob dau ddiwrnod yn ei ddyddiadur. Daeth y dyddiadur i'r fei drwy law ei ddisgynyddion, ac edrychai fel petai o wedi ei ysgrifennu ddoe ddiwethaf mewn llawysgrifen daclus, glir a dibetrus.

Pa berl fydd ar y dudalen nesaf? Pa drywydd fydd bywyd y dyddiadurwr yn ei gymryd? Pa lwc neu anffawd a ddeuai i'w ran – neu i ran ei gymdeithas? Dyna bleser yr hen ddyddiadur. Yn aml hefyd gallwn fentro esbonio cofnod ar ddyddiad arbennig, gyda mantais ôl-ddoethineb, wrth ei gymharu â chofnodion eraill o bell ac agos, y naill gofnodwr yn gwbl ddiarwybod o fodolaeth y llall (fel y gwelwch yn achos boddi gwraig Harry Hughes, isod).

Cofnodi marwolaethau ei gydnabod a wnâi William Jones gan amlaf: gwraig Rolant Jones, Bwlan, plentyn Nyth Cacwn, Annie Tynrhos gynt, ei gefnder, John Brynsander, neu ei 'annwyl dad'. Dim ond yn achos 16 o'r 103 o farwolaethau ehangach y cofnododd oed yr ymadawedig, ac o'r rheiny pobl un ai mewn gwth o oedran neu rai a fu farw o flaen eu hamser oeddynt.

O'r rhai a fu farw mewn damwain, lladdwyd 6 yn Llanllyfni a thri yn Llanengan. Cafodd rhyw Dr Williams, hefyd o Lanengan, ei ladd gan y *Train* yn agos i'r Wyddgrug a chofnododd i Margaret Pisgah farw ar ôl cael ei llosgi efo oel lamp. Lladdwyd gwas Neigwl Uchaf mewn cae gan ei geffyl ac un arall gan darw. Cofnododd William Jones hefyd i'r Tywysog Leopold, mab y Frenhines Fictoria, gael ei ladd mewn caeau pell a dieithr, wrth syrthio dros ddibyn craig. Roedd newyddion y Byd Mawr yn amlwg yn cyrraedd Aberdaron yn ei dro.

Tybed a fyddai ein Deddfau Iechyd a Diogelwch heddiw, petaen nhw'n bod ar y pryd – y deddfau yr ydym mor hoff o'u casáu – wedi arbed yr anffodusion hyn? Ar 26 Ionawr 1884 cofnododd i wraig Harry Hughes, Brynkir, foddi. 'Bu'n bwrw eira neithiwr, gwlaw heddyw a gwynt mawr,' meddai William Jones, 'a chafwyd hyd i gorff y wraig yn Glan Morfa Bychan.' Yn ôl cofnodion hanesyddol rhifol o'r tywydd, cafwyd y pwysedd awyr isaf erioed ym Mhrydain y diwrnod hwn (hyd 2000): *'a violent gale ensues, blowing down a million trees on one Scottish estate alone'.*

Mae'n debyg mai anhwylderau oedd yn gyfrifol am weddill y marwolaethau, ond nid oes unrhyw dystiolaeth yng nghofnodion William Jones, na chwaith ym mhapurau dyddiol lleol y cyfnod, bod unrhyw epidemig wedi

Carreg fedd yn dangos hwyl cwch mewn môr mawr (mynwent Aberdaron).

taro'r ardal. Bu farw cipar Cefn Amwlch mewn '*auction* yn Porth Iago'; 'marw yn sydyn o'r parlys' wnaeth Ellis Thomas, a chael ei ganfod yn farw 'yn y ffos' wnaeth Griffith Crugeran. Marw fel pys, felly, yn ystod yr hirlwm ddechrau'r gwanwyn (nid, sylwch, gefn gaeaf) oedd y norm, ond diolch i'r moddion rhad a'r deddfau diogelwch yr ydym mor amheus ohonynt, cawn obeithio heddiw am fywyd hwy a llawnach na'n cyndeidiau. Dalier i bopio!

2020

Tybed ai'r ysgrif hon sydd wedi dyddio fwyaf yn y gyfrol hon? Deddfau Iechyd a Diogelwch Ewrop dan fygythiad ar ôl Brecsit, amheuon am barhau i fyw'n gynyddol hwy ac yn iachach, cwestiynu cynnydd economaidd di-ben-draw – ni allwn fod mor hyderus o'r cyfryw erbyn hyn. Ydyn ni'n dod wyneb yn wyneb â'r rheolau naturiol rydyn ni, bobl lwcus y byd, wedi llwyddo i'w hosgoi ers canrif?

Y pethau bychain, bron yn ddiarwybod i ni, sy'n ein gwahanu oddi wrth fywyd ein cyndeidiau. Pa mor aml fuoch chi at y meddyg am wrth-fiotic i drin y briw neu'r archoll llidiog a gawsoch wrth blicio tatws neu wrth fethu'r hoelen wrth wneud eich DIY, a'r archoll yn gwrthod â mendio? Beth fyddai eich tynged ganrif yn ôl? Meddyliwch am y peryglon beunyddiol milwaith gwaeth a wynebai'r chwarelwr neu'r glöwr neu'r gwas fferm. Onid oedd eu systemau imiwnedd gymaint yn well na'n rhai ni? Mae lle i ddiolch am benisilin (y llwydni naturiol rhyfeddol hwnnw) a'i sgil-gynhyrchion i'n cadw'n fyw. Ond gyda'n gorddefnydd a chamddefnydd ohonynt, am ba hyd eto fyddwn ni'n cael yr un budd ohonyn nhw?

Yn aml y dyddiau hyn clywn rai o'r genhedlaeth hŷn wrth drafod y profiad trist o golli perthynas iau: 'dydych chi *ddim i fod* i oroesi'ch plant'. Yn anffodus, braint cenhedlaeth y 'bŵmers' yw'r bywyd da a gawsom ers y rhyfel (a diolch yn bennaf i danwydd ffosil). Does ond angen crwydro trwy unrhyw fynwent i weld tystiolaeth o'r trasiedïau creulon mynych a ddeuai i ran y mwyafrif tlawd 'slawer dydd. Dyna drefn natur erioed. Petai epil pob draenog, drudwen, glöyn byw neu ditw Tomos las yn byw hyd at 'oes eu haddewid' mi fyddai'r un math o orboblogi peryglus rydyn ni bobl yn ei wynebu ar hyn o bryd. Dyna'r caswir trist.

Pwysigrwydd ffynonellau hanes cymdeithasol.

Mae ein canfyddiad o'r byd yn wahanol os ydym yn hen neu'n ifanc. Araf yn nhreigl ein bywyd mae'r sylweddoliad yn dod i ni nad yw'r byd wedi bod erioed fel mae o rŵan. Mae ein gwersi hanes yn agor ein llygaid rywfaint i hyn. Ond diolch i lythrennedd eithriadol y Cymry yn eu mamiaith goeth a gloyw mae pob math o fanylion wedi eu cofnodi a'u cadw i ni mewn dyddiaduron, cardiau post a llythyron, a hynny yn aml mewn geirfa sy'n ddieithr i bobl ifanc ers ond cwta hanner canrif. Faint o'r cofnod canlynol ydych chi'n ei ddeall? (Mi fentraf y bydd eich ateb yn ddibynnol iawn ar eich oedran.)

'Hel Gefnen Wen yn rhenciau a'i bydylu i gyd. Cario heulogydd cae tŷ a dau heulog o hadau gwair cae tan wal. Niwlog, manlaw, caddug, cymylog.'

Ysgrifennwyd hwn gan dyddynnwr o Badog, Ysbyty Ifan, ym mis Awst 1958. Nid yn unig y mae'r eirfa yn ddieithr, mae'r gweithgareddau hefyd i lawer ohonom. Os felly, cymaint mwy yw'r newid a fu ymhellach yn ôl na chof yr hynaf ohonom. Dyna yw cof cenedl, a'r cof hwnnw sy'n ein galluogi i adnabod newidiadau cudd yn ein byd – er gwell neu waeth.

Nid pobl biau'r stori i gyd

2010

Yn Chwefror 1817 daeth llong i borthladd Amlwch yn cario llwyth o ŷd. Fe'i byrddiwyd gan nifer o ddynion a oedd ar drengi gan eisiau bwyd ac anfonwyd am 200 o filwyr o Iwerddon i adfer trefn. Bu terfysgoedd tebyg ar draws Prydain yn yr un cyfnod – roedd y rhyfel yn erbyn Ffrainc wedi dod i ben ers dwy flynedd ac oherwydd ofnau'r tirfeddianwyr y byddai pris grawn yn gostwng ar ôl i fewnforion ailddechrau, pasiwyd y Deddfau Ŷd i amddiffyn eu buddiannau hwy ar draul rhai'r bobl gyffredin.

Dyna mae'r llyfrau hanes yn ei ddweud ... ond nid dyna'r stori i gyd. Bu haf 1816 yn un trychinebus. Adwaenid y flwyddyn honno fel 'Y Flwyddyn na fu Haf'; bu'n bwrw eira drwy'r gaeaf tan y Pasg, a chafwyd eira yn Llundain ar 12 Mai. Cafwyd cawodydd trwm o genllysg yma ym mis Mehefin ac fe barhaodd yn oer. Tua hanner ffordd drwy'r hydref daeth yr eira eto, ac ar ôl y cynhaeaf gwael roedd teuluoedd yr ardal yn wynebu newyn. Bu'n rhaid gwau sanau i gael deupen llinyn ynghyd. Cofiai Richard Jones, Tŷ Cerrig, Meirionnydd am ei fam yn gwau i arbed ei theulu rhag y 'Newyn Du'. Cofnododd Gwallter Mechain yr helbulon mewn awdl – 'Pob dyffryn a glyn yn glaf' meddai. Mewn gwledydd eraill, cynhaeaf grawnwin 1816 oedd yr hwyraf yn Ffrainc ers dechrau cofnodion yn 1484. Cafodd yr effeithiau eu teimlo'r ddwy ochr i Fôr yr Iwerydd, ac ar draws Ewrop. Ond mae'n wynt blin iawn, medden nhw, nad yw'n chwythu unrhyw fendithion ar neb o gwbl. Ac felly roedd hi yn y Flwyddyn heb Haf ... aeth bywyd yn ei flaen.

Yn 1816 hwyliodd y llong stêm gyntaf o Gaergybi i Iwerddon, yr *auxiliary steam packet Hibernia*. Dyna'r flwyddyn y cafwyd machludoedd haul godidog pan ysbrydolwyd Joseph Mallord William Turner i baentio golau fel na chafodd golau ei baentio erioed o'r blaen. Dyna gyfnod y Rhamantwyr, y cyfnod a roes i ni'r ffrâm yr ydym hyd heddiw yn gweld y byd drwyddi. A'r rheswm am y machludoedd arbennig hyn? Llygredd! Flwyddyn ynghynt, ar 10 Ebrill 1815, ar ynys Sumbawa yn Indonesia ffrwydrodd llosgfynydd Tambora. Roedd y ffrwydrad yn fwy na Vesuvius a Krakatoa. Yn ôl adroddiad ar 23 Mai 1816 o'r *North Wales Gazette*, clywyd y ffrwydrad fil o filltiroedd i ffwrdd. Cofnododd y rhai oedd ar fwrdd y llong bleser Benares 220 milltir i ffwrdd drwch o droedfedd o lwch arni. Gostyngodd uchder mynydd Tambora o 13,000 i 9,354 troedfedd yn sgil y danchwa. Roedd yn dywyll fel y fagddu liw dydd, lladdwyd 100,000 o bobl yr ardal, a daeth newyn a thrallod i ran y rhai a oroesodd. Gostyngodd tymheredd y byd wrth i'r cwmwl o lwch ledaenu.

Anaml yn ein hanes mae ffactorau naturiol yn achosi – yn rhannol, o leiaf – prif ddigwyddiadau ein gorffennol. Y gwleidyddion, neu dechnoleg newydd, neu drachwant carfan arbennig sydd fel arfer yn llywio cwrs y ddynoliaeth. Ond gyda'r argyfwng amgylcheddol sydd ohoni rŵan nid oes modd anghofio ein lle yn y system naturiol.

Felly y bu erioed, er gwaetha'r gwersi hanes, ac fel yr ydym yn cael ein gorfodi i sylweddoli heddiw, felly y mae, ac felly y bydd. Mae'n rhaid i ni gael 'rhywun' i'w feio. Does dim byd newydd dan yr haul – dim byd ond ein canfyddiadau ni.

2020

Mae mwy o angen nag erioed i ni ailedrych ar ein hanes trwy brism ein hamgylchedd. Daeth 'tanchwa' arall o'r Dwyrain eleni gan ysgwyd y byd i'w seiliau unwaith eto. Mae effeithiau Cofid 19 yn dal i amlygu eu hunain ac erbyn i chi ddarllen y geiriau hyn efallai bydd goblygiadau'r Caethiwo Mawr yn ymddangos yn dra gwahanol – efallai'n well, efallai'n waeth. Ond mae rhai effeithiau yn amlwg eisoes – rhai gweledol, rhai cymdeithasol a rhai ecolegol. Mae mynyddoedd yr Himalaia i'w gweld o'r Punjab am y tro cyntaf o fewn cof, diolch i'r ymatal ar yrru. Mae'r awyr yn glir o olion anwedd awyrennau ac mae anifeiliaid gwyllt yn adfeddiannu'n trefi.

Efallai mai sgil-effaith mwyaf arwyddocaol argyfwng Cofid yw'r chwyldroi llwyr a fu ar economi'r byd dros nos. Gyda phobl yn dyheu i ddychwelyd i'r hyn maen nhw'n ei alw'n 'Normalrwydd', tybed faint o amser a gymer iddynt gofio bod y byd cyn-Cofid *eisoes* mewn argyfwng, a hynny yn ôl addefiad swyddogol llawer o lywodraethau'r byd, gan gynnwys Cymru. Rhaid gofyn: pam roedden ni mor barod i gau ein bywydau i lawr ar amrantiad ar orchymyn 'Yr Wyddoniaeth', a ninnau wedi cael ein rhybuddio ers blynyddoedd gan wyddonwyr, gyda thystiolaeth frawychus yn dod yn gynyddol i'r amlwg i gadarnhau eu proffwydoliaethau? Pam rydyn ni mor ddifater am y bygythiad nid yn unig i'n cynhaliaeth ond i'n gwareiddiad, hyd yn oed ein bodolaeth fel rhywogaeth, na chymerwn gamau tebyg i'r rhai a gymerasom bron yn ddigwestiwn yn sgil Cofid? Ydi ein ffydd mewn arbenigwyr yn dychwelyd o'r diwedd, tybed?

Gwiber yn ymlusgo ar hyd palmant yn Rhosneigr.
Llun: Alwyn Pritchard.

Y *bugeiliaid bach da a'u hanifeiliaid*

9 *Ionawr* 2009

Peidiwch â sôn dim am hyn wrth fy athro Llydaweg, ond yr unig reswm yr ymunais â'i ddosbarth yn y pentre acw oedd er mwyn ceisio gwella fy Nghymraeg! Ystyriwn yr iaith Lydaweg fel rhyw fath o ffosil Gymraeg wedi'i throsglwyddo i Lydaw gan Gymry Oes y Saint. Wrth blicio haenau'r ddwy iaith i ffwrdd mae rhywun yn dod o hyd i ystyron geiriau yn y Llydaweg a fodolai, efallai, yn yr Hen Gymraeg pan hwyliodd yr allfudwyr cyntaf yno fileniwm a hanner yn ôl. Nid ieithydd mohonof ond naturiaethwr, ond er mwyn ceisio deall bywyd a chefn gwlad y gorffennol mewn cyfnod cyn i unrhyw ddogfen o sylwedd ymddangos, mae'n rhaid mynd i'r afael â theithi dirgel y Gymraeg fore. Anwybyddwn y Llydaweg ar ein menter ein hunain.

Fe'm hysgogwyd i ysgrifennu hyn o eiriau ar ôl gweld yn y wers Lydaweg ddiweddaraf mai gair yr iaith honno am blentyn yw *bugel* (cymh. bugail). Beth yn y byd all esbonio'r fath newid ystyr? Dyma gynnig ateb.

Nid gwarchod preiddiau o ddefaid oedd gorchwyl y bugeiliaid Cymreig cyntaf, ond gwarchod gwartheg. Ychydig o eiriau sydd mor gyfoethog, mor haenog, mor ddwfn â'r gair 'buwch', ac mae'r elfen 'bu-' yn britho'r Llydaweg a'r Gymraeg fel ei gilydd. Y bual – *aurochs* yn Saesneg – oedd y fuwch wyllt wreiddiol a drigai yma yng nghoedydd naturiol y cyn-oesoedd. O 'buwch' a 'gardd' y daw buarth, ac mae'r cysylltiad geiriol rhwng gwartheg ac eiddo yn awgrymu i'r fuwch gael ei dofi yma yn gynnar iawn. Mae'r cysylltiad yn bodoli, wrth gwrs, mewn llawer o ddiwylliannau'r byd – dyn cyfoethog oedd dyn â llawer o

Nid gwarchod defaid ond gwarchod gwartheg oedd prif orchwyl y bugail, a phlant oedd y rheiny yn ôl tystiolaeth yr hen eiriau.
Cerdyn post

wartheg. O'r un gair â *chattel* yn yr ymadrodd *'goods and chattels'* y mae *'cattle'* yn tarddu.

Rydym yn sôn yn aml am dalu 'mewn da', sef talu mewn nwyddau, gan anghofio mai gair am wartheg yw 'da'. Ystyr posibl 'buchedd' oedd bywyd ac eiddo person ar y ddaear hon – Buchedd y Saint, gyda llaw, oedd sylfaen glasurol yr iaith Lydaweg fel y mae Beibl William Morgan yn sylfaen i'r Gymraeg. Un o baradocsau llên gwerin yw bod diwylliant plant yn aml yn cario cof hen arferion a aeth yn angof i oedolion. Mae 'Hob y Deri Dando' yn ein hatgoffa o'r hen drefn o redeg moch (hobiau) yn y deri i hel eu gwala ar y mes cyn cael eu lladd, eu halltu a'u crogi dan (nenfwd y) to.

Mae *'Ring-a-ring-a-roses / A pocket full of posies...'* yn anfarwoli'r cylchoedd ar y croen a fyddai'n un o arwyddion cyntaf y pla du, a'r drewdod yr oedd yn rhaid ei leddfu gyda phersawr blodau gwyllt oedd y pocedaid o duswau blodau. Ond yn fwyaf perthnasol i'r cwestiwn dan sylw yw'r rhigwm enwog, *'Little Boy Blue come blow your horn / The sheep's in the meadow, the cow's in the corn / And where is the boy who looks after the sheep /He's under the haystack fast asleep.'*

Cyn oes addysg orfodol, cyn bod ffensys a chloddiau yn britho'r wlad i'r graddau y maen nhw heddiw, a chyn i deuluoedd allu (na bod eisiau) rheoli eu hepilgarwch, gwaith plant fyddai cadw anifeiliaid rhag crwydro i'r gweirgloddiau, gwaith plant fyddai amddiffyn y cnydau haidd rhag y brain (darllenwch bennod gyntaf *Jude the Obscure* gan Thomas Hardy). Heb lafur rhad plant, ni fyddai economi ymylol y parthau gorllewinol wedi gweithio o gwbl. Cyn y Newyn Mawr roedd syrffed o blant yn Iwerddon i gario gwrtaith gwymon o'r traethau i'r lleiniau tatws a elwid yn *lazy beds* ar y llethrau – cyfnod pan oedd poblogaeth y wlad honno (i bob milltir sgwâr) yn un o'r mwyaf o'i faint yn y byd. Dyna pam mai plant oedd y bugeiliaid, a bugeiliaid, ymysg niferus alwedigaethau eraill, oedd plant. A finnau erbyn hyn, dwi'n prysuro i ddweud, yn dysgu Llydaweg fel iaith yn ei hawl ei hun!

2020

Onid trwy ddrych bywyd plant, trwy edrych ar gymdeithas trwy ben arall y telesgop, rydym yn gallu deall hanfodion, moesau a blaenoriaethau eu cymdeithas yn well? Yn ddiweddar mae prosiect Llên Natur wedi mentro i fyd y Plentyn mewn mwy nag un ffordd. Daeth dyddiadur Anita, plentyn oedd yn 7 oed yn 1969, o ysgol Nebo, Arfon, i'r fei diolch i haelioni'r awdures hanner canrif yn ddiweddarach. Fe'i hysgrifennwyd yn wreiddiol fel ymarferiad llythrennu a mynegi mae'n siŵr (yn y Saesneg mewn ardal Gymreig iawn). Syml iawn, wrth gwrs, yw'r dyddiadur, yn dechrau gyda dyddiad

Mae digon o dystiolaeth cyn ac yn ystod cyfnod y Chwyldro Diwydiannol o blant yn gweithio'n galed am ychydig o gyflog ar bob math o orchwylion.
(Yr Holltwr Cerrig *gan John Brett, Oriel Gelf Walker, Lerpwl)*

(pa blentyn fyddai'n bodloni ar ddyddiad anghywir, a pha athrawes a fyddai'n caniatáu i'w disgybl gofnodi dyddiad ffug?). Yn yr un modd, pa reswm fyddai i gofnodi tywydd nad oedd yn dywydd y cerddodd yr eneth fach drwyddo ar ei ffordd i'r ysgol y bore hwnnw, neu a welai trwy ffenestr y dosbarth yr eiliad honno? Dwi ddim yn siŵr os oedd Anita, *go iawn* yn hedfan barcutan bapur ar ddyddiau gwyntog fel roedd ei darlun ar y dudalen briodol yn awgrymu, na chodi parasol lliwgar ar ddiwrnod o haul! Ond gallwn faddau i blentyn 7 oed ei dychymyg, a'i thrwydded artistig, dwi'n siŵr! Ydyn, mae'r cofnodion tywydd eraill sydd wedi eu cofnodi eisoes yn Nhywyddiadur Llên Natur ar gyfer mis Mawrth 1969 (gan oedolion) yn ategu sylwadau Anita i'r dim.

Mae canfyddiad plant o'u byd, fel cof pob un ohonom o'n plentyndod ninnau, yn drybolach o ffaith a ffansi. Ond un ffenest arall a agorwyd i ni yn ddiweddar oedd cofnodion prifathrawon o fywyd beunyddiol eu hysgolion. Diflas iawn oedd gwaith ysgolion cynradd ganrif yn ôl ar y cyfan yn ôl llawer o'r *School Logs* hyn – llawer mwy diddorol, i mi o leiaf, oedd yr esgusodion rhag mynd i'r ysgol o gwbl. Er mai gwgu ar absenoldebau oherwydd gwaith yn y caeau a wnâi'r athrawon – codi tatws, hel cerrig, helpu efo'r cneifio, hyd yn oed hel madarch (yn flynyddol mewn un pentref) am ychydig geiniogau'r dydd – bu dealltwriaeth amlwg, ond heb ei mynegi, nad oedd ysgol ac addysg ffurfiol ond yn rhan, a rhan fechan, hwyrach, o fywyd cyflawn cymuned wledig. Efallai fod y syniad o blant yn gweithio'n gyflogedig yn taro'n groes i werthoedd heddiw ond gall hanes plant, lle bynnag y bo ar gael i ni, ddangos bod gorchmynion eraill bywyd yn gallu rheoli mewn cymdeithas symlach a thlotach fel yr un y bu'n teuluoedd ni i gyd yn rhan ohoni rywdro.

Oes yr arth a'r cangarŵ

29 Medi 2006

Ddeng mlynedd ar hugain yn ôl, pan ddechreuais fy ngyrfa ym maes cadwraeth, roedd cyflwyno, ac ailgyflwyno, anifeiliaid a phlanhigion i Gymru a Phrydain o diroedd estron yn anathema. Y teimlad ar y pryd oedd bod cefn gwlad yn dreftadaeth werthfawr, ddeinamig, ac y byddai'r pris am drawsblannu rhywogaeth newydd, neu ailgyflwyno rhywogaeth goll, yn fwy na'r manteision. Felly beth yw'r dadleuon o blaid cyflwyno – a beth yw'r amheuon? A beth sydd mor wahanol heddiw?

Un rheswm i amau doethineb cyflwyno yw'r difrod a wnaed eisoes gan greaduriaid egsotig i'n bywyd gwyllt cynhenid. Nid yw'r llygoden fawr, na'r afr wyllt, na'r gwningen na'r wiwer lwyd yn perthyn i Gymru, ac fel y gwyddom, ni fu eu buchedd yn y cilcyn hwn o ddaear yn un arbennig o anrhydeddus. Ar y llaw arall, nid yw'r dylluan fach yn gynhenid yma chwaith, ond cymerodd hi ei lle yn ein cefn gwlad yn hapus a nemor neb y tu allan i'r cylchoedd adaryddol yn gwybod am ei bodolaeth. Cafodd walabis eu cymathu'n braf i fywyd de Lloegr yn yr un modd. Tydi dieithriaid ddim bob amser yn hyfach na'u croeso, ond mater o lwc yw hynny. Nid oes dichon proffwydo ymlaen llaw.

Y dylluan fach: nemor neb y tu allan i'r cylchoedd adaryddol yn gwybod am ei bodolaeth. Llun: Bethan Vaughan Davies

Mae'r dadleuon dros ailgyflwyno rhywogaethau coll sy'n gynhenid yn gryfach. Ond sut mae diffinio 'cynhenid' – dyna destun ysgrif arall! Ac a oes gwahaniaeth rhwng, dyweder, ailgyflwyno'r afanc a drengodd yma fil o flynyddoedd yn ôl, ac ailgyflwyno madfall y twyni a ddiflannodd gwta hanner canrif yn ôl. Ydi'r byd wedi symud ymlaen ormod, tybed, i ystyried ailgroesawu'r afanc yn llwyddiannus? Mae'r farn gyffredinol wedi newid ers y cyfnod pan oeddwn yn brentis.

Mae cynlluniau o bob math ar droed i drawsblannu'r eryr môr a'r baedd gwyllt i'w tiriogaeth hanesyddol. Pam ystyried y fath beth o gwbl? Dyma gliw: economics, hwnna 'dio. Mae Bwrdd Croeso Lloegr wrth eu boddau fod y barcud coch yn byw eto yn Swydd Hertford ar ôl i rai o'r Almaen gael eu rhyddhau yno ychydig flynyddoedd yn ôl (... rhai Cymru ddim digon da?).

Felly beth am yr ymdrech i ailsefydlu madfall y twyni ym morfeydd gogledd Cymru? Dyma'r maen prawf – a ellir ateb 'ie' neu 'ydi' i bob un o'r cwestiynau canlynol? Ydi'r rhywogaeth yn analluog i ymledu yn ôl i'w hen gynefin ohoni ei hun? (Ateb: ydi, twyni tywod ynysig yw ei chynefin, ac nid yw madfallod yn hedfan!). Ydi hi wedi ei difodi yno yn lled ddiweddar? (Wnaiff y 1960au y tro fel trothwy?) Ydi'r cynefin y bwriedir ei thrawsblannu iddo yn addas o hyd, a'r ffactorau a achosodd ei thranc wedi mynd heibio? (Ydyn, mae'r twyni i gyd erbyn hyn yng ngofal cadwraethwyr swyddogol). A gafodd y rhywogaeth, cyn ei thranc, ei chofnodi yn yr un ardal? (do, gan fwyaf). Ydi cyfansoddiad genetig y newydd-ddyfodiaid yr un ag yr oedd y boblogaeth wreiddiol? (Twyni Swydd Gaerhirfryn yw ffynhonnell y newydd-ddyfodiaid.) Digon da i mi ... pob lwc felly i'r fadfall brin yn ei chartref gwreiddiol.

2020

Mae'r rhod wedi troi o blaid cyflwyno rhywogaethau coll bellach (ac yn fwy fyth yn erbyn cyflwyno rhywogaethau estron). Sylweddolwyd bod rôl bwysig i rai anifeiliaid a gollwyd (dim ond anifeiliaid hyd yma, nid yn gymaint planhigion) mewn ecosystemau 'naturiol', a allai fod o fudd mawr – allweddol yn wir – i ddynoliaeth yn ogystal ag i drigolion o bob math a hil yn y system honno. Dyma'r cysyniad o Rywogaeth Allweddol (*Keystone Species*).

Un o'r rhai mwyaf amlwg yn hyn o beth yw'r afanc. Difawyd hwn o'r tir trwy ei hela am ei groen ac am ei *castoreum*, affrodisiac honedig. 'Gwynt teg ...' meddai rhai ar y pryd, fel llawer un heddiw. Roedd ei ddiflaniad yn waredigaeth gan y bu i'w arfer o greu argaeau gael ei ystyried yn felltith trwy atal llif rhwydd nentydd ac afonydd yr ucheldir (a oedd hefyd yn dir i'w 'wella', nid i'w 'warchod' yn ei gyflwr gwreiddiol).

Ar y pryd, cyn i dai a ffatrïoedd gael eu codi ar y gorlifdiroedd, efallai fod hynny'n wir. Ond yn 2007 yn Sheffield, Swydd Efrog, er enghraifft, gwelwyd y senario truenus o ddŵr yn boddi rhannau o'r dref, a dioddefodd Fishlake, yn is i lawr yr un afon (afon Don), ddeuddeng mlynedd yn ddiweddarach ym mis Tachwedd 2019, o'r un 'aflwydd'. Codwyd amddiffynfeydd yn fuan ar ôl y llif cyntaf i arbed Sheffield rhag ail-foddi, gyda'r canlyniad bod Fishlake yn etifeddu'r un broblem. Dywed y rhai nad ydynt yn gaeth i'r 'hen ffordd o wneud', petasai afancod yn byw yn ardal y copaon (Peak District), byddai rhediad y dŵr gymaint yn arafach fel y byddai wedi arbed llawer o boen i drigolion Sheffield a Fishlake, yn ogystal â chreu corsydd a chynefinoedd mwy naturiol a chyflawn yn y wlad o gwmpas. Gyda lefel y môr yn codi yn y gwaelodion isaf, a'r glawiad yn yr ardal yn codi bob blwyddyn, mae'r boblogaeth ddynol yn cael ei gwasgu o ddau gyfeiriad.

Beth yw Rhywogaeth Allweddol?
Mae Rhywogaeth Allweddol yn cyfateb i garreg glo mewn bwa o gerrig (neu i raddau llai, y conglfaen sy'n cloi dau fur ar gornel adeilad), sef y garreg sy'n rhoi nerth i'r holl adeiladwaith. Mae'n rhywogaeth sy'n cael effaith anghymesur ar ei chynefin o ystyried ei niferoedd. Cyflwynwyd y cysyniad yn wreiddiol gan y sŵolegydd Robert T Paine yn 1969. Mae rhywogaethau o'r fath yn chwarae rôl gritigol o safbwynt cynnal strwythur cymuned ecolegol, yn effeithio ar lawer o organebau mewn ecosystem ac yn rheoli maint poblogaeth rhywogaethau eraill yn y gymuned honno. Heb rywogaethau o'r fath, byddai natur yr ecosystem yn sylfaenol wahanol, neu hyd yn oed yn peidio â bod o gwbl. Mae rhai Rhywogaethau Allweddol, fel blaidd, hefyd yn ysglyfaethwyr apigol (*apex predators*), sef rheibyddion ar ben eu cadwyn fwyd, ond mae eraill, fel yr afanc, yn saernïo eu cynefin ar lefel is yn y we fwyd.

Er mai anifeiliaid yw'r Rhywogaethau Allweddol mwyaf amlwg, gall planhigion hefyd gael eu cynnwys. Er enghraifft, mae cyfnod bob blwyddyn mewn ardal o Orllewin Awstralia pan mai'r unig ffynhonnell o neithdar i grŵp o felysorion yw'r planhigyn *Banksia prionotes*. Mae'r melysorion ar adegau eraill o'r flwyddyn yn chwarae rôl hanfodol yn peillio llawer o rywogaethau eraill yn y gymuned honno. Felly heb y *Banksia* byddai'r gymuned yn dymchwel.

Paentio'r byd yn wyrddach na gwyrdd

Chwefror 2007

Yn aml iawn byddaf yn diflasu fy nheulu wrth i ni wylio rhyw ffilm neu'i gilydd sydd wedi ei gosod ganrif neu ganrifoedd yn ôl, a minnau'n mynnu torri ar draws y stori a rhefru am anghysonderau anfwriadol sydd i'w gweld (os ydych yn berson fel fi!) yng nghefndir y golygfeydd. Wrth gwrs, ni allai fy ngheraint annwyl, wrth wylio eu hoff raglenni teledu, faddau i gynhyrchydd a wisgai ei actorion mewn dillad anghywir i'r cyfnod, ond ni falient y ffeuen leiaf pe dangosid ceffyl a throl yn rhedeg ar hyd lôn dau rych (meddyliwch am y peth am eiliad), neu rododendron yn gorchuddio bryniau'r Canol Oesoedd (ni chyrhaeddodd y llwyn hwn tan Oes Fictoria), neu wiwer lwyd yn sboncio trwy un o goedwigoedd Oes y Saint (gwta ganrif yn ôl y cyrhaeddodd hon o America).

Ond y camamseriad sy'n fy mlino amlaf yw caeau ir gwyrdd yn y golygfeydd 'cyfnod' hyn. Beth sy'n bod ar hynny, meddech? Yn gyntaf, mymryn o wyddoniaeth. Mae 78% o'r awyr yr ydym yn ei anadlu yn nitrogen. Er bod yr elfen hon, mewn ffurfiau cyfansawdd fel amonia, yn gwbl angenrheidiol i ni gan mai ohoni hi mae protinau ein cyrff wedi eu ffurfio, nid yw nitrogen yr awyr fel y cyfryw yn cymysgu'n hawdd gyda sylweddau eraill a rhaid wrth lawer iawn o ynni i'w helpu. O'r herwydd, adnodd drudfawr fu protin erioed.

Tan ddechrau'r ganrif ddiwethaf, yr unig ffynonellau naturiol i amaeth o'r cyfansoddion nitrogenaidd hollbwysig hyn oedd mellt, planhigion o deulu'r meillion, a thros gyfnod y Chwyldro Diwydiannol cynnar, mewnforion *guano* o dde America, (mae 'giwana' ar lafar cyffredin o hyd ym Môn am unrhyw wrtaith.) Nid oedd posib i gefn gwlad yr oes o'r blaen felly fod yn fôr o wyrdd fel yr ydym yn ei adnabod heddiw, diolch i'r dognau o NPK mae ein caeau yn eu derbyn erbyn hyn. Nid oedd y gwyrddni'n bosibl nes dyfeisio proses o gynhyrchu nitradau yn ddiwydiannol.

Ym 1908 dyfeisiodd yr Almaenwr Fritz Haber broses o gynhyrchu amonia allan o nitrogen yr awyr a hydrogen mewn dŵr. Ddwy flynedd wedi hynny cafodd y broses ei masnacheiddio gan ei gydwladwr Carl Bosch, a'i defnyddio yn y Rhyfel Byd Cyntaf i wneud asid nitrig i gynhyrchu arfau ffrwydrol. Mae gweddill y stori honno yn hanes. Yn ffosydd Ffrainc cyfrannodd y broses bellgyrhaeddol hon i'r gyflafan fwyaf arswydus yn hanes y ddynoliaeth, a hefyd wedyn at fendithion difesur ein bywyd heddiw wrth i Broses Haber-Bosch gynhyrchu, erbyn hyn, 500 miliwn tunnell o wrtaith nitrad y flwyddyn i'w roi ar y tir i gynhyrchu syrffed o fwyd rhad.

Mae 1% o'r holl ynni y mae dyn heddiw yn ei ddefnyddio yn bwydo'r broses hon, a chynhelir 40% o holl boblogaeth y byd ganddi. Y tro nesaf felly y gwelwch gaeau gwyrddach na gwyrdd, diolchwch – ond cofiwch mai ynni o olew sy'n cyflawni'r adwaith cemegol o droi nitrogen di-werth yn fwyd maethlon. Tra bydd y drafodaeth am Newid Hinsawdd yn mynd rhagddi, peidiwn ag anghofio chwaith am gyfraniad y llosgi olew nid ansylweddol ym Mhroses Haber-Bosch i allyriadau carbon deuocsid y senario beryglus honno.

2020

Nid nitradau'r tir yw'r unig ffactor yn ein hoes sy'n gwyrddio ein tir. Gaeafau byrrach, glawiad uwch, nitradau awyr o lygredd a chodiad yng nghanran y carbon deuocsid atmosfferig – mae pob un yn gwthio'r gwyrddni.

Y Cylch Nitrogen heddiw

Nitrogen yn ei ffurf pur (N2) yw prif gynhwysyn yr atmosffer (70%) ond yr un sydd lleiaf gweithredol (anadweithiol) ynddo heb yr egni angenrheidiol i'w glymu ag elfennau eraill megis hydrogen ac ocsigen i greu ffurfiau cyfansawdd adweithiol (ee. nitradau, nitridau). Rhain yw blociau adeiladu'r asidau amino sy'n rhan anhepgor o brotinau pob corff. Gelwir y newid o nitrogen anadweithiol i nitrogen adweithiol wrth y term Sefydlogiad Nitrogen. Cyn y cyfnod diwydiannol a ddechreuodd ddwy ganrif yn ôl, bacteria ynghlwm wrth wreiddiau rhai planhigion, seianobacteria a mellt oedd yr unig ffynonellau egni i gyflawni hyn.

Mae'r seicl nitrogen blanedol y mae hyn yn rhan ohono o ddiddordeb arbennig i ecolegwyr gan fod argaeledd nitrogen yn effeithio'n ddirfawr ar gyflymder y prosesau mewn ecosystemau, gan gynnwys prosesau adeiladu a dadfeilio organebau byw. Cynyddodd dyn argaeledd y

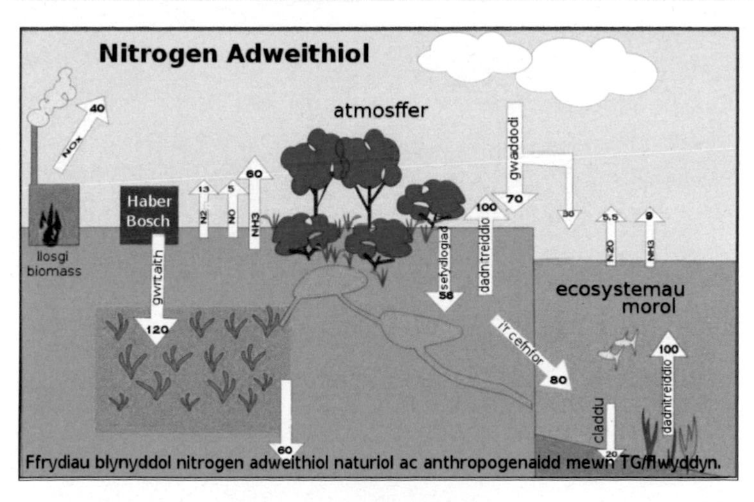

Y Cylch Nitrogen.
Deiagram: Robin Owain.

nitrogen cyfansawdd (adweithiol) yma i'r economi dynol yn aruthrol dros y cyfnod diwydiannol.

Cychwynnodd y cynnydd yn y 19eg ganrif yn sgil darganfod llafur rhad caethwasiaeth a'r gallu i fordeithio ymhell ac yn fynych i fewnforio *guano*. Baw adar oedd hwn wedi ei grynhoi ar ynysoedd Periw a Chile dros filoedd o flynyddoedd. Cafodd y giwana ei ddisodli'n raddol yn ystod yr ugeinfed ganrif gyda darganfyddiad (yn wreiddiol i wneud arfau rhyfel) y broses Haber-Bosch yn ystod y Rhyfel Byd Cyntaf. Arweiniodd y syrffed o gyfansoddion nitrogen gafodd eu defnyddio wedyn ar y tir at orlif a gorfaethu ein llynnoedd, afonydd a nentydd, a threiddiodd i'r seicl ddŵr.

Fe ddyblon ni'r gyfran o nitrogen yn ei wahanol ffurfiau adweithiol dros y cyfnod diwydiannol. Cafodd hyn oll effaith bellgyrhaeddol a chynyddol ar yr ecosystemau naturiol yr ydym ni fel pobl yn rhan annatod ohonyn nhw, ac erbyn heddiw, ar ein hiechyd. Llwyddwyd yn y bwriad i gynyddu'r cynnyrch amaethyddol a chafodd yr effaith arwynebol ddiweddar o lasu ein caeau, trwy'r gaeaf yn aml iawn. Ond trwy lygredd, cynyddodd hefyd gynnyrch cymunedau naturiol o lystyfiant gan ffafrio ychydig rywogaethau ar draul eraill. Ymledodd coed yn rhannol yn ei sgil. Wrth i ni fwynhau bendithion tymor byr y digonedd o nitrogen, yr effeithiau ecolegol peryglus tymor hir byd-eang yw newid hinsawdd (nitrogen ar ffurf methan yn arbennig), teneuo'r haenen oson (gyda'r elfen clorin), ac asideiddio'r dyfroedd, y môr a'r glaw (asid nitraidd).

Pan ganant gogau

22 *Gorffennaf* 2011

Ar ôl ysgrifennu am y gog ar adeg gallach o'r flwyddyn ddeufis yn ôl, fedra i ddim aros tan fis Ebrill nesaf i sôn eto am yr aderyn rhyfeddol hwn – mae 'na ormod o bethau cyffrous yn digwydd – felly 'co ni off! Cofiwch, mae gan y gog fywyd digon llawn ar ôl y tymor canu cwc-cŵ. Pa iâr-aderyn arall sy'n twyllo rhiant traean ei maint i faethu ei chywion trwy ddynwared patrwm ei hwy yn berffaith? Gall y rhiant sy'n cael ei dwyllo fod yn siani lwyd, yn delor y cyrs, neu'n gorhedydd y waun (gwas y gog yw enw arall ar hwn ... bwm-bwm!).

Os ydych chi'n 'gog-dodwy-wy-mewn-nyth-corhedydd y waun' (ydyn, maen nhw'n arbenigo) waeth i chi heb â thrafferthu dodwy eich wy mewn nyth siani lwyd – mae honno'n adnabod y patrwm gwahanol yn syth, ac yn ei hel yn ddiseremoni dros yr ymyl. Felly, mae'n rhaid bod un ai'n 'gogen siani lwyd' neu'n 'gogen corhedydd y waun' neu'n 'gogen telor y cyrs' a chadw at un o'r rhain yn ddi-ffael. Golyga hyn beidio trawsffrwythloni rhwng y gwahanol 'fathau' hyn, ac mae'r gwyddonwyr wedi disgrifio'r rhain fel gwahanol *gentes* o gogau (neu gogesau, yn hytrach). Does

Y gog yn cael ei chwrso gan gorhedyddion y waun yng Nghwm Dolgain, Trawsfynydd. Llun: Keith O Brien

bosib bod cogau gwrywaidd yn rhy barticlar pa *gentes* o goges maen nhw'n cymharu â hi? Ond er yr enw ffansi, mae'r union fecanwaith sy'n cadw'r *gentes* ar wahân yn ddirgelwch o hyd. Mae'n debyg bod y 'rhaglen' sy'n penderfynu patrwm yr wyau yn cael ei gario yn DNA y fenyw yn unig.

Does cân yr un aderyn arall yn taro'r dychymyg gymaint â deunod y gwcw bob gwanwyn. Cafodd rhai lleoedd hyd yn oed eu henwi ar ôl y gog a'i chynefin: Allt y Gog (Abergwili), Drainllwyn y Gog (Hirnant, Maldwyn) a Phant y Gog (Llanllyfni, Arfon) i enwi dim ond tri. Wn i ddim pa mor hen yw enwau o'r fath, ond mae'r swyn sy'n perthyn i'r gog yn mynd yn ôl o leiaf i gyfnod Llywarch Hen: 'Yn Abercuawg y canant gogau, Ar ganghennau blodeuog / Cog lafar canet y rhawg ...'

Sylwch, hyd yn oed yn y nawfed ganrif, mai benywaidd oedd y canwr hwn, er mai'r ceiliog yn unig, wrth gwrs, sydd yn cw-cŵian. Cefais achos yn ddiweddar i sgwrsio â'r cyfaill Emlyn Richards am ddiddordeb sydd gennym yn gyffredin – fo fel hanesydd, minnau fel naturiaethwr – yn nyddiaduron William Bulkeley, Brynddu, Llanfechell, Môn. Soniodd yr hynafiaethydd hynaws (Emlyn ysgrifennodd y gyfrol *Bywyd Gŵr Bonheddig* am yr hen sgweiar) iddo gasglu holl gyfeiriadau William Bwcle at glywed cog gyntaf y gwanwyn rhwng 1736 a 1760 – cogau'r 18fed ganrif yn dal i'n swyno! Bu Emlyn yn ddigon hael i rannu ei restr â mi.

Yn y golofn hon ym mis Ebrill eleni cyflwynais graff yn dangos nad ydi dyddiad cyfartalog 'clywed y gog gyntaf' wedi newid braidd ddim yn ystod y ddwy ganrif a aeth heibio. Ar ôl derbyn rhestr Emlyn bu'n rhaid i mi newid fy meddwl. Diolch i gofnodion William Bwcle mae'n ymddangos bod y gog yn dechrau canu bedwar diwrnod yn hwyrach heddiw nag yr oedd yn nechrau'r ddeunawfed ganrif.

Ac i gymhlethu pethau, mi ddois ar draws llyfr yn ddiweddar a gafodd ei gyhoeddi yn breifat yn y flwyddyn 1900, a dim ond 300 copi gafodd eu hargraffu yn ôl y rhagair. Nid oedd fy nghopi i erioed wedi cael ei ddarllen gan i mi orfod cymryd cyllell i wahanu amryw o'r tudalennau. Teitl y llyfr yw *The Migration of Birds at Irish Light Stations* gan Richard Barrington. Cofnod digon diflas ar y cyfan ydyw, yn rhestru'n sych gofnodion ceidwaid goleudai a goleulongau Iwerddon am adar mudol o gwmpas eu llusernau bob blwyddyn rhwng 1888 a 1897. Yn eu plith, wrth gwrs, roedd dyddiadau gweld y gog (ia, *gweld* yn yr achos hwn, nid clywed). Ac ym mis Mai y cyrhaeddai'r cogau hyn o'u gaeaf-wledydd bron yn ddi-ffael, nid y mis Ebrill arferol. Esboniwch hynny! (Oes – oedd – yna fudo arall fis yn hwyrach yn anelu am wledydd mwy gogleddol?)

Pa aderyn arall sy'n diflannu i ebargofiant perfeddion Affrica tan y flwyddyn nesaf? Mae'r dirgelwch ar fin cael ei ddatrys! Ewch i <http://www. bto.org/science/

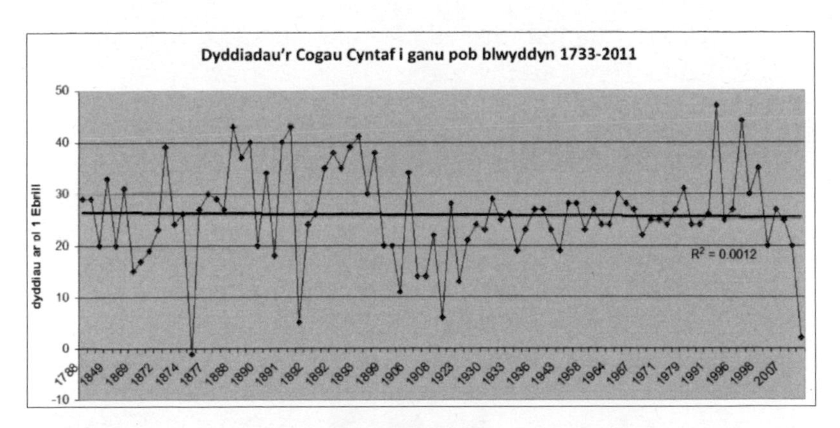

Cofnodion o amrywiol ffynonellau (gan gynnwys rhai William Bulkeley) sy'n dangos cyn lleied mae amseriad 'clywed y gog gyntaf' wedi newid dros ddwy ganrif a hanner. Mae'r cofnodion hyd 1760 yn perthyn i William Bwcle.

migration/tracking-studies/cuckoo-tracking [mae'n cael ei ddiweddaru o hyd] ac mi gewch ddilyn yn fyw daith fudol pump o gogau yn ôl i Affrica, diolch i radio bychan sydd ar bob un. Fe'u magwyd eleni yn nwyrain Lloegr, ac mae un wedi cyrraedd gogledd Affrica eisoes. Gyda chymaint yn digwydd ym myd y cogau, erbyn mis Ebrill nesaf bydd fy stori amdani, mae'n siŵr, yn wahanol eto. Gwyliwch y gofod – peth felly ydi gwyddoniaeth.

2020

Eleni, ym mlwyddyn dechrau gofid mawr y Covid, dechreuodd pobl gysylltu â Chymuned Llên Natur yn ôl eu harfer yn y ras i glywed y gog gyntaf yn gynnar ym mis Ebrill. Roedd y rhan fwyaf ohonom ar y pryd yn gaeth i'n tai a'n gerddi. Diolch i'r rhyddid annisgwyl hwn, a'r don o wres a heulwen oedd yn lleddfu rhywfaint ar y gofid ar y pryd, roedden ni'n cymryd mwy o sylw nag erioed o'r blaen o fyd natur dan ein traed, yn ein gardd a thu hwnt i'r clawdd. Beth am droi'r sefyllfa ddigynsail gwbl unigryw hon yn rhywbeth positif, meddwn. Beth am ofyn i aelodau'r Gymuned foeli eu clustiau a nodi yn fras faint o weithiau y clywson nhw'r gog *o'u gerddi* hyd... pryd? Tua 10 Mai? A dyna wnaed, a thrwy hynny cafwyd mesuriad o ba mor niferus oedd cogau yn y gwahanol ardaloedd, ac yn bwysicaf efallai, mesur o'r ardaloedd lle nad oedd y nesaf peth i ddim cogau. Heb amgylchiadau

Mae'r gog yn prinhau, yn ôl adroddiadau diweddar.

arbennig 'locdown' Covid, byddai'r fath fesuriad yn anodd, a'r mesuriad o absenoldeb cogau yn amhosib.

Gyda'r bwriad o greu map, gofynnwyd i bobl rannu efo Llên Natur faint o weithiau yn fras y clywson nhw'r gog ... o'u gerddi, cofiwch, mewn heulwen ddi-dor, a phobl yn crwydro nemor ddim ar y pryd. A chofiwch hefyd (yn wahanol i bron unrhyw arolwg poblogaidd arall o aderyn) mae pawb sydd â chlustiau i glywed yn adnabod *cw-cŵ*'r gog. Gofynnwyd a oedden nhw wedi clywed y gog dros y cyfnod 'lawer iawn' o weithiau, 'yn aml', 'ychydig' o weithiau, ynteu 'dim unwaith'. Y gobaith oedd y byddai rhyw fath o batrwm yn amlygu ei hun.

Chawson ni mo'n siomi, er i ni gael ein dychryn gan y nifer o ymatebion 'dim unwaith', a hynny dros ardaloedd helaeth o lawr-gwlad. O osod yr ymatebion ar fap (https://www.mapiaullennatur.net/cogau-cofid19) gwelwn fod y gog yn dal ei thir orau yn yr ucheldir – y Bala, Blaenau Ffestiniog ac efallai Blaenau'r Cymoedd, er mai digon prin oedd yr ymatebion o'r de yn anffodus (nid oedd modd samplo'r uchelfannau uchaf, wrth gwrs, am nad oedd gerddi, na phobl yno i glywed neu beidio eu clywed). Yr ardaloedd sy'n peri pryder yw Môn (bron ddim), Pen Llŷn, Ceredigion a gogledd iseldir Clwyd. Ond roedd yn galonogol sylweddoli bod modd defnyddio unigolion lleyg yn eu bywyd bob dydd ar y cyfryngau cymdeithasol i gasglu gwybodaeth a allasai fod o bwys. O gofio bod llawer ohonom yn cofio clywed cogau ymhobman yn ein plentyndod pell, hoffwn feddwl y gall y gwaith byrfyfyr hwn fod, wir, o bwys.

Psst! ... *isio gweld lluniau budur?*

20 *Mawrth* 2009

Mae'n amlwg nad yw'r peiriannau hidlo sbam ar y we yn deall Cymraeg neu fyddwn i byth wedi derbyn y fath neges e-bost â 'Psst! ... isio gweld lluniau budr?'. Ond dyna ddaeth i wefan Llên Natur y diwrnod o'r blaen gan sylwebydd o Fangor, gyda'r llun yma ynghlwm.

Wn i ddim pryd yn union y tynnwyd y llun, ond roedd ymateb y llyffantod i'r tymheredd yn amlwg iawn acw eleni. Bachodd ambell un mentrus ar y saib byr rhwng dau gyfnod o oerfel ar 31 Ionawr i wagio'u llwyth o rifft yn un o'r ffosydd nid nepell o'r tŷ. Ond cael ail a wnaethant pan ddychwelodd yr oerni, ac aeth y llyffantod yn ôl i'r pridd nes i'r tymheredd godi eto tua 14 Chwefror. Doedd dim dal arnyn nhw wedyn: bu eu grwndi bodlon i'w glywed ymhob pwll a ffos a'r crehyrod yn cymryd mantais o wledd hawdd ar ôl cyfnod blin.

Llyffantod yn paru.
Llun: Ann Corkett.

Hyd a golau'r dydd wrth iddo ymestyn ar ôl 21 Rhagfyr sy'n sbarduno llyffant i feddwl am gymharu, ac mae'r sbardun yn cicio'n gynt, wrth gwrs, po belled i'r de y mae'r llyffant yn byw. Gall llyffantod Cernyw ddodwy ym mis Rhagfyr.

Ond rhan yn unig o'r stori yw golau – mae tymheredd yn

dylanwadu hefyd, a dyna a welsom ni mor glir eleni. Ond nid y 'sbardun' tymhorol yw testun fy mhwt yr wythnos hon, ond clociau: clociau biolegol.

Welsoch chi'r rhaglen *Horizon* yn ddiweddar am bwysigrwydd ein clociau mewnol? Dywedwyd arni fod tueddiad i ferched roi genedigaeth yn yr oriau mân, rhwng tri a chwech o'r gloch y bore gan mwyaf. Mi ganodd hynny gloch yng nghefn fy meddwl. Rai blynyddoedd yn ôl bûm yn cynnal gwersi nos i Gymdeithas Addysg y Gweithwyr ac ymhlith y myfyrwyr hŷn oedd Mair Madog o Benygroes a dreuliodd ei gyrfa yn fydwraig yn Cheadle, Swydd Caer. Roedden ni'n trafod clociau biolegol yr adeg honno hefyd, ac ategodd Mair, trwy ei phrofiad, fyrdwn y rhaglen, sef bod patrwm pendant yn amseriad genedigaethau. Yn y wers nesaf mi brofodd y peth i ni – daeth Mair â'i chofnodion o 416 o enedigaethau yn Cheadle rhwng 1950 ac 1971. Dim ond bydwraig brofiadol allai ddarparu gwybodaeth o'r fath ac mae'r graff a baratois ar y pryd o'i chofnodion i'w weld isod.

Mae tueddiadau mor waelodol â hyn yn ein natur yn mynd â ni'n ôl i gyfnod bore iawn. Dywedir bod 90% o'n hesblygiad wedi digwydd yn Oes y Cerrig, pan oedden ni'n hela anifeiliaid gwyllt, yn cywain ffrwythau gwyllt ac yn amddiffyn ein hunain rhag bwystfilod rheibus.

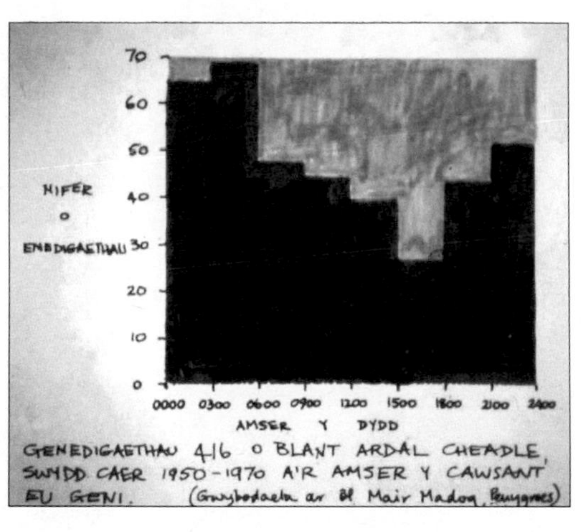

Tri o'r gloch y bore – pan fo'r corff ar ei fwyaf bregus (ac eneidiau'r meirw yn cerdded?). Data: Mair Madog.

O dan y fath amgylchiadau mae'n rhaid bod rhyw fantais mewn esgor ar eich plentyn ychydig cyn toriad gwawr ... rhwydd hynt i chi ffurfio'ch damcaniaethau'ch hunain.

Gosodwyd trefn dymhorol y llyffant ymhell yn ôl yn ei hanes yntau hefyd, fel y gosodwyd ein trefn ninnau o fwyta, cysgu, caru, esgor a marw. Fel y dywedodd rhywun, mi fedrwch chi dynnu Dyn allan o Oes y Cerrig ond fedrwch chi ddim tynnu Oes y Cerrig allan o Ddyn. Mae Oes y Cerrig yn fyw ac yn iach o hyd yn sbam ein hisymwybod.

2020

A'r tebygrwydd corfforol rhyngom a'r epaod mor amlwg i ni erbyn hyn bu'n fater o syndod i mi erioed mor gyndyn y buom trwy gydol ein hanes i dderbyn ein natur anifeilaidd. Onid yw ein greddfau, ein dyheadau a'n hysfeydd gwaelodol yn deillio'n llwyr o'r anifail? Onid rhith – twyll, hyd yn oed – yw unrhyw ganfyddiad arall?

Hawliodd y crefyddau mawr ein ffaeleddau a'n rhinweddau o gyfnod cynnar gan ein perswadio y gallwn trwy faddeuant, gras a chosb, ddiosg y naill trwy ddilyn cyfarwyddiadau ysgrythurol, ac atgyfnerthu'r llall fel 'moesau' i ymgyrraedd atynt. Hunan-dwyll, cenfigen a barusrwydd ar y naill law, a chariad, haelioni ac ymorol am eraill ar y llall: mae'r rhain yn rhan o wead y crefyddau hyn. Maen nhw hefyd yn rhan o'n gwead ni.

Ond a oes monopoli ganddynt ar ein ffwlbri neu'n harwriaeth? Gyda dyfodol du iawn yn ein hwynebu mewn degawdau (nid canrifoedd na milenia fel y tybid tan yn ddiweddar), a hynny o achos neb ond ni ein hunain, onid methiant llwyr oedd y prosiectau crefyddol hyn? Cawn ein perswadio, rai ohonom, fod rhyw rithfyd gwell yn ein disgwyl. Ond mae'r cloc biolegol yng ngwaelod ein cyfansoddiad yn tician o hyd, a does dim y medrwn ei wneud am y peth, y rhai 'da' yn ein plith, na'r rhai 'drwg'.

Esblygiad Dynol

Mae'n gamarweiniol dweud bod Dyn wedi esblygu o epaod. Un o'r epaod *yw* Dyn. Epa o'r genws *Homo* ydym, *Homo sapiens*, un o nifer o hominidau (fel *Homo erectus* a *Homo neanderthalensis*) y buom, mae'n debyg, yn cyd-fyw â nhw ar un adeg cyn i *H. sapiens*, meddai rhai erbyn hyn, eu tanseilio trwy gystadleuaeth am adnoddau hyd eu difodi. Genera (lluosog genws) eraill o epaod yw *Pan* (tsimpansî a bonobo), *Gorilla* (gorila) a *Pongo* (orang utan).

Mae gan bob rhywogaeth ei nodweddion unigryw trwy ddiffiniad. Ymysg y nodweddion ffisegol sy'n hynod i ddyn mae deudroededd (sefyll ar ddwy droed yn unionsyth), datblygiad yr ymennydd a'r system nerfol, datblygiad cyhyrau'r wyneb, datblygiad gên, datblygiad bawd sy'n croesgysylltu â'r bysedd, a laryncs cwympedig. Bu i'r nodweddion hyn ddatblygu ar y cyd â'r manteision a ddeuai o ddatblygiad iaith cysyniadol ac awgrymol, gallu i wneud a defnyddio celfi, gallu i gaffaelu adnoddau, plentyndod a henaint estynedig, y gallu i ddadansoddi achos ac effaith, a'r duedd i geisio ffurfio byd-olwg i esbonio'r bydysawd.

Digwyddodd dros 90% o esblygiad *Homo sapiens* yn Oes y Cerrig ac erbyn hyn mae ein galluoedd yn ein herio i'r eithaf wrth i ni sylweddoli ein bod bellach efallai yn rhy 'glyfar' er ein lles ein hunain. Does dim i warantu bod manteision yng nghyd-destun Oes y Cerrig yn parhau yn fanteision yn y byd newydd rydym wedi'i greu i ni'n hunain, er gwell neu waeth. Amser a ddengys ...

Bu *tawelwch yn y twlc*

17 E*brill* 2009

'*Un ange passe*' ('mae angel yn mynd heibio') meddai un o'r cwmni amlieithog amlddiwylliannol mewn te-parti difyr a gawsom ni ddysgwyr y Llydaweg yn ddiweddar. Ymadrodd Ffrangeg i lenwi saib yn y sgwrsio yw hwn. Ailgyneuwyd y parablu yn syth gyda sylw arall gan ymwelydd o ardal Gwened, Llydaw, am ddywediad cyffelyb yn ei iaith yntau: '*gwerzhet eo bet ar moc'h*' (gwerthwyd y moch, a daeth distawrwydd i'r twlc!).

Dilynodd trafodaeth fywiog am foch. *Guiz* yw'r Llydaweg am hwch, a dywedodd Cymraes yn y cwmni, yn wreiddiol o Ben Llŷn, am ei chof am alw moch gyda rhyw 'gis-gis-gis' 'slawer dydd. Cofiai hefyd ei theulu yn galw babi yn 'hen gis-gis bach' wrth iddo wneud llanast wrth fwyta. Un arall o'n plith wedyn yn dweud mai hen air Cymraeg am foch yw 'gwŷs', a bod y gair yn fyw o hyd yn yr enw Caerwys. Gair Llydaweg arall ar hwch yw *banv* a yngenir fel 'banw', a dyna ni eto yn nyffryn Banw – dyffryn y moch.

Ysgrifennais eisoes, os cofiaf yn iawn, am yr hen ddull o gadw moch, a'u rhedeg yn rhydd yn y coed i gael eu gwala ar fes trwy'r gaeaf o Ŵyl Mihangel ymlaen. Nid y pyrcs pinc sy'n gyfarwydd i ni heddiw oedden nhw chwaith. Bridiau tramor yw'r rheiny, wedi eu mewnforio i ailgylchu sbarion bwyd yn ystod y Chwyldro Diwydiannol. Na, pethau main blewog oedd y moch gwreiddiol, llawer tebycach i'r baeddod gwylltion a drigai yma ar un adeg. Mae'r rhain, yn ôl y sôn, yn cael eu traed 'tanynt yma unwaith eto yn sgil y blas a gafwyd ar gigoedd egsotig o'r cyfandir yn y blynyddoedd diweddar.

Roedd y moch a redai yn y coed yn ddigon 'tebol i genhedlu â'r moch gwyllt, ac mae'n gwestiwn erbyn hyn a oes y fath beth â mochyn gwyllt go-iawn o gwbl, o ystyried yr holl *genetic engineering* a fu arnyn nhw ers y Canol Oesoedd!

Ymhle cadwyd y moch dof hyn, tybed, pan nad oeddynt yn gloddesta ar fes? Mae yna hen air am dwlc sy'n awgrymu bod moch yn cael eu corlannu rywsut, hyd yn oed yr adeg honno, a'r gair yw 'creu'. Mae fferm o'r enw Creuau ym Maentwrog a phentref o'r enw Crai ym Mrycheiniog. Pan fûm yn byw ers talwm ym Mrycheiniog, cofiaf weld rhyw dwlc mochyn ar fferm Blaen Car – twlc mochyn ynteu gwt gwyddau oedd o, tybed? Prin yw'r cof bellach. Beth bynnag oedd ei bwrpas gwreiddiol, cwt ci oedd o ar y pryd ond sylwais ei fod wedi ei gorbelu'n gelfydd.

Corbelwaith yw hanfod y Pyramidau, sef adeiladau wedi eu codi trwy osod cerrig nadd un ar ben y llall a phob un yn gorymestyn fymryn i'r gofod mewnol, fel ag i beri i'r wal raddol gau yn do ar y cyfan. O hen air Ffrangeg am gigfran, *corbeau* erbyn hyn, y daw'r gair, gan fod pob carreg fel brân yn sbecian dros y dibyn. Mae llawer o gelloedd Cristnogol cynnar yn Iwerddon wedi eu corbelu fel hyn.

Twlc Blaen Car, Sir Gaerfyrddin yn y 1970au, bellach yn gwt i'r ci.

Mae gwneud cwt ar ffurf pyramid yn un peth, a gwneud Pyramid 400 troedfedd o uchder yn beth arall. Sut cafodd miloedd o flociau cerrig eu codi, un ar ben y llall, pob un yn pwyso tunelli, a hynny yng ngwres yr Aifft? Trafodwyd y dirgelwch hwn yn ddiweddar ar raglen *Time Team*. Ond un peth sy'n sicr, nid twlc mochyn oedd Pyramid ond adeilad i anrhydeddu uchelwr. Ac nid cytiau moch oedd cartrefi'r Saint chwaith. Daeth tro ar fyd, a'r angel a lefarodd yn iaith y moch!

2020

Ni allaf lai na gofyn: onid yw ein hiaith, ac Iaith yn gyffredinol, gymaint yn gyfoethocach na'r hyn rydym wedi'i etifeddu trwy brint? Pwy fasa'n meddwl mai cigfran sydd wedi rhoi ei henw i ddull arbennig o godi to trwy fenthyg o ieithoedd Indo-Ewropeaidd eraill? Pwy feddyliai fod ebychiadau llafar beunyddiol y 'bugail' moch (neu efallai wartheg, neu ieir hefyd) yn tarddu o wreiddiau cynnar Yr Iaith ei hun. Mae dysgeidiaeth Darwin a Wallace yn fy nghyffroi fel erioed – ac rwy'n grediniol bod geiriau, gramadeg a theithi iaith yn dilyn yr union batrwm a phroses â'r hyn sy'n troi dinosor yn aderyn ac epa yn ddyn.

Rydym yn agos iawn at y dibyn

(ychydig ar ôl i dîm Cymru gyrraedd ffeinals pêl-droed ... bron)

12 Awst 2016

Ar ôl wythnos o Eisteddfota o un math neu'r llall, heb sôn am y ffwtbol y mis blaenorol, pethau y bydd pob Cymro normal yn eu dathlu, dyma fi, yr hen Jeremeia ei hun, yn ei ôl yn cwyno. Peidiwch â'm camddeall, mi gollais ddeigryn slei o hapusrwydd wrth i mi weld fy nghyfaill Elinor Gwynn yn ennill ei choron. Amgylcheddwr arall yn cael cydnabyddiaeth! A phetaech chi ond wedi fy ngweld mewn tafarn yn Llydaw yn rhannu bonllefau dros dîm Cymru gyda'r hogiau (Llydewig) lleol ... (*wait 'til the folks back home see the selfies!*). Mae fy nheimladau tuag at bêl-droed yn ddigon llugoer ar y gorau fel arfer, a'm hymlyniad at dafarn yn wannach eto. Ond onid oedd yr ychydig wythnosau diwethaf yn wahanol? Er hynny, drennydd yr hwyl a drannoeth yr Ŵyl mi deimlais yr un ysictod a llesgedd ysbryd y bûm yn eu teimlo ers tro byd.

Afraid dweud bod wythnos yr Eisteddfod yn rhyw fath o gocŵn o Gymreictod sy'n caniatáu i ni anghofio difaterwch y byd tu allan tuag at ein hiaith a'n diwylliant. I amgylcheddwr, mae'r cyferbyniad yma yn un dwbl – mae difaterwch eisteddfodwyr hwythau i argyfwng yr hinsawdd yn llethol ynddo'i hunan.

Cawsom addewid o filiwn o siaradwyr Cymraeg erbyn ... 'wn i'm, rhywbryd! Ac mae ein gobeithion am y tîm cenedlaethol yn ddihysbydd o hyd. Bois bach, dydi cocŵn ddim ynddi hi. Fydd 'na ddim Cymraeg ymhen canrif oni weithredwn ar fyrder! Os bydd iaith *o gwbl* ganrif ymlaen (dwi ddim yn gwamalu), mi fydd Americaneg yng Nghymru, Tsieinîeg efallai, Bengaleg efallai, pwy a ŵyr – cyfoeth o ieithoedd ond mentraf ddweud, nid y Gymraeg. A hynny nid oherwydd bod pobl wedi dymuno llifo i'n gwlad am y manteision, a'n boddi, ond yn hytrach oherwydd bod eu gwledydd cynhenid bellach yn annioddefol i fyw ynddynt. Anghofiwn yn rhy hawdd ei bod hi'n well gan bawb fod adref.

A phwy fydd yn poeni am dîm olynyddion Chris Coleman pan fydd rhannau helaeth o Efrog Newydd a Llundain o dan y tonnau, heb sôn am y Friog, Caernarfon, Aberystwyth neu Gaerdydd, a hynny, mae'n debyg, o fewn oes fy wyrion i. Tydi trefniadau i achub yr iaith Gymraeg a chreu tîm ffwtbol llwyddiannus parhaus ond megis aildrefnu'r cadeiriau haul ar y Titanic wrth ymyl hyn. Rydym fel teithwyr mewn paradwys ffŵl yn hwylio i foroedd nad ydynt wedi eu siartio. A dwi'n poeni, nid drosof fy hun (fydda i ddim yma, gobeithio) ond dros fy wyrion.

Wel dyna ni, mae DB wedi'i cholli hi go iawn y tro yma (... trowch i'r tudalennau chwaraeon!). Ond i'r sawl sydd am ddyfalbarhau â'm teithi meddwl dyma gyrraedd byrdwn fy neges. Mae Newid Hinsawdd eisoes yn effeithio ar rannau helaeth o'r byd ac mae'r byd yn wfftio. (Anghofiwn am y tro – wel, tan yr hydref – am y llifogydd cyson yn nes at adref.) Rydym yn coegio consýrn am ddiniweidion Syria neu Ethiopia heb ffurfio unrhyw fath o farn ar yr argyfwng hinsawdd (nas yngenir) sydd wrth wraidd eu trallod. Nid ydym yn cael ein hannog yn wir gan y cyfryngau i ffurfio'r fath farn: 'rhydd i bob (rhag-)farn ei llafar' yw'r neges gudd ...

Mae'r bobl sy'n dioddef yr effeithiau hyn yn

wirioneddol ddiniwed. Ninnau trwy ein harferion bwyteig a barus, a'n hapathi tuag at sefyllfa a thynged pobl nad ydym yn eu hadnabod, llai fyth yn eu deall – ie, ninnau sydd ar fai. Fe gawn ein cyfri toc yn y fantol gan y diniweidion hyn, ac fe'n ceir yn brin.

Efallai mai dyna'r eliffant yng ngwaelod yr ardd – ein bai. Dywedodd T. S. Eliot yn rhywle, (*Murder in the Cathedral* dwi'n meddwl) '*humankind cannot bear very much reality*'. Dyma Chris Coleman eto, a'r ffantasïau cysurus am achub yr iaith Gymraeg.

Nid wyf am ymhelaethu ar y ffeithiau, na'r datrysiadau, ynglŷn â Newid Hinsawdd. Mae'r rhain i'w cael yn hawdd i'r sawl a'u mynn, hyd yn oed yn ôl-rifynnau'r *Cymro*, yn bennaf gan yr Athro Gareth Wyn Jones. Fu erioed ystrydeb yn agosach at galon y gwir yn awr na honno sy'n dweud ei bod hi'n unfed awr ar ddeg arnom, bron yn rhy hwyr i fynd i'r afael â'r sefyllfa cyn y bydd systemau'r ddaear yn magu eu momentwm eu hunain ac yn gwneud yr holl broses yn anochel a di-droi'n ôl.

Rydym yn agos iawn at y dibyn, sef sefyllfa o orfod cyfyngu ar y niwed (*damage limitation*) yn hytrach na datrys y broblem. Nid mater 'amgylcheddol' i bobl fel fi yn unig yw hyn ond mater o barhad Cymdeithas Sifig yma ac ar draws y byd. Mater i bob un ohonom. Dylai Newid Hinsawdd fod ynghanol pob portffolio llywodraethol, nid y portffolio amgylcheddol yn unig. Fel yr alcoholig, y cam cyntaf ar y ffordd i wellhad yw cydnabod bod rhywun yn y sefyllfa o gwbl.

Fel y dywedais, nid wyf am helaethu enghreifftiau, ond rydych yn gwybod, gobeithio, beth sydd gen i dan sylw: llifogydd, sychder, methiant cynaeafau, gwres marwol, tanau di-reolaeth, codiad yn lefel y môr, colli rhywogaethau, dadmer rhewlifoedd a'r holl ddioddefaint ac aflonyddwch sifil a ddaw yn sgil yr hunllefau hyn. Ac maen nhw'n digwydd rŵan yma ac ar sgrin ein teledu. Y lleiaf y dylem ni yn y Gorllewin ei gynnig i'r bobl sy'n cael eu hadleoli yn uniongyrchol gan godiad yn lefel y môr (megis trigolion Ynysoedd Marshal) yw cynnig nodded ac ymgeledd iddynt yma, yn syth a diamod.

Y gwyddonwyr hinsoddegol sy'n amlygu'r ffeithiau i ni. Mae'r cwmnïau sy'n yswirio'r cwmnïau yswiriant (y *re-insurers*) yn gwybod ac yn gweithredu ar y ffeithiau hyn (rydym yn talu amdanynt eisoes). Mae Mr Trump yn eu gwadu'n gyhoeddus tra mae'n amddiffyn ei asedau ei hun rhag codiad yn lefel y môr! Mae Carwyn Jones yn dweud ei fod yn gwybod y ffeithiau. Ydi Theresa May yn eu gwybod?

Mae'n rhaid bod y BBC yn gwybod amdanynt, ond pam nad yw'n cyflawni ei ddyletswydd i'r cyhoedd, felly, sy'n unol â'i enw da fel darlledwr cyhoeddus cyfrifol a'u cyflwyno i'w gynulleidfa mewn ffordd fachog, amrywiol, ddiddorol a gonest? Does dim rhyfedd fod poblogaeth o anwybodusion yn rhoi grym i wleidyddion tebyg iddyn nhw (fawr o gysur, ond o leiaf mae'n ddemocrataidd!).

Mae'r pwnc a ddylai fod y mwyaf llosg o unrhyw un o bynciau ein hoes, ac a fydd yn effeithio ar ansawdd bywyd pobl am y dyfodol rhagweladwy, yn cael ei gelu'n systematig rhag y cyhoedd (gan hepgor eithriadau anrhydeddus, fel adroddiadau achlysurol newyddiadurwr amgylcheddol y BBC, David Schukman). Mae'n deg gofyn: pam?

Mae'r Gorfforaeth yn ymhonni – ymfalchïo yn wir – mewn bod yn ddiduedd ac yn mynnu felly trafod Newid Hinsawdd fel mater o farn yn hytrach nag o ffaith (oes ffeithiau croes i'w cael erbyn hyn?). Mae'n cyfiawnhau hyn drwy ddadlau'r angen am 'gydbwysedd'. Ond sut ellir cyflwyno pwnc yn gytbwys heb wrthbwynt o sylwedd? Mae lladmeryddion argyfwng newid hinsawdd yn unfryd unfarn. Gwyddonwyr ydynt. Anwybodusion yw'r lleill.

Dyna sy'n dychryn dyn am ddatganiad un cyn-weinidog cibddall (sy'n amlwg yn cael trin ei ddannedd gan ddeintydd amatur!), '*we've had enough of experts*'.

Rydym un ac oll yn gallu ymhonni bod yn '*expert*' (o'r dyn glanhau draeniau i'r meddyg cancr gorau) ond nid ym meysydd ein gilydd. Nid yw 'pawb a'i farn' yn golygu bod pob barn yn gyfwerth. Does dim dadl ffeithiol y gellir ei chynnig fel gwrthbwynt i gyrraedd y dywededig 'falans' ar bwnc yr hinsawdd ar y BBC. Dim ond rhagfarnau gwadwyr yr asgell dde a gynigir, rhai sydd â mwy na hanner llygad ar eu dosbarth, eu grym a'u pocedi. Mae'r BBC yn chwarae i'w dwylo wrth seilio ei syniad o falans y tu allan i fyd tystiolaeth ffeithiol. Os yw 'cydbwysedd' mor sanctaidd wrth gyflwyno Newid Hinsawdd, pam nad yw'r BBC yn chwilio am yr un cydbwysedd wrth gyflwyno esblygiad, triniaethau meddygol, y cysylltiad rhwng ysmygu a chancr, er bod hen ddigon o rai â chwilen yn eu pennau yn barod i amddiffyn eu rhagfarnau yn erbyn yr achosion hyn, hyd yn oed. Does neb yn disgwyl cael credinydd mewn Daear fflat bob tro mae 'na stori am y gofod!

Pryd yn union, annwyl BBC, y mae mater o ddadl yn dod yn fater o ffaith? Fel y dywedodd James Hansen, yr hinsoddegydd o Brifysgol Columbia (*The Storms of my Grandchildren*, 2009), '*In order for democracy to function well, the public needs to be honestly informed*.' Rydych yn gadael eich cynulleidfa i lawr yn ddifrifol, a gofynnaf eto: pam?

2020

Yn ystod y ddwy flynedd ddiwethaf dechreuodd y BBC newid ei ffyrdd o ganfod cydbwysedd yn sgil pwysau o fannau aruchel. Nid yw hyn bellter byd o'r hyn sydd wedi digwydd yn achos Brecsit (er fy mod i, fel unrhyw sylwebydd sy'n byw yng nghanol y digwyddiadau gwleidyddol y mae'n ceisio sylwebu arnynt, mewn perygl mawr o edrych yn rêl ffŵl drannoeth i'r llyfr hwn gyrraedd y siopau!).

Dyma'r gymhariaeth: pobl yn dewis gadael Ewrop mewn refferendwm; y ffeithiau a'u hoblygiadau yn dod yn raddol amlycach; pobl yn cael traed oer. Gall hynny olygu y byddant yn newid eu meddwl, ond nid o angenrheidrwydd – mae Brecsit bellach yn fater o falchder (crefydd, medd rhai) ac mae'r galwadau i '*get Brexit done*' yn mynd yn fwy croch. Ond diddorol yw nodi *nad* oedd y rhai a eiriolodd dros y prosiect yn or-barod i wynebu'r dinasyddion eilwaith, hyd yn oed os oedd eu Brecsit yn syniad mor glodwiw â hynny. 'Dros y dibyn amdani' enillodd y dydd, doed a ddelo.

Felly hefyd wadu Newid Hinsawdd. Fel mae'r dystiolaeth uniongyrchol yn ymwthio i'ch lolfa trwy'r sgrin deledu, neu waeth (y llinell penllanw budur hwnnw ar wal y ddywededig lolfa), mae'r cyfle i wadu'n rhesymegol yn mynd yn fwyfwy anos. Yn hesb o ddadleuon, mae'r gwadwyr un ai'n troi'n fud neu'n targedu'r negeseuwyr yn hytrach na'r neges – chwi gofiwch y llid a'r gwawd personol y bu'n rhaid i'r Greta Thunberg ieuanc orfod ei ddioddef yn y misoedd diwethaf (a'r meddyliwr amgylcheddol craff George Monbiot hefyd, gyda llaw, yn nes at adref). Efallai, er gwell neu waeth, ein bod ni'n rhy llwythol i droi tu min, ar ein gilydd o leiaf, mewn modd cweit mor ffyrnig yn ein Cymru Fach.

Newid hinsawdd: darganfod mwy

Mae gwyddoniaeth Newid Hinsawdd yn syml. Mae'n hysbys ers dros ganrif. Mae'r ffynonellau dysgedig ar y pwnc yn lliaws a byddai rhestr gynhwysfawr ymhell y tu hwnt i sgôp y gyfrol hon. Felly digon yw dweud mai man cychwyn gweddus i unrhyw ymchwilydd o ddifri fyddai adroddiadau gwrthrychol a di-emosiwn yr *Intergovernmental Panel on Climate Change* (IPCC) dan gochl y Cenhedloedd Unedig. Ond rhybudd! – nid darllen hawdd mo'r rhain.

I gyflwyno'r pwnc yn ddarllenadwy yn ei gymhlethdod, mewn dull poblogaidd, argymhellaf y canlynol: *Heat* gan George Monbiot (triniaeth lled-wleidyddol yn amlygu llwfrdra rhai gwleidyddion ac yn dangos nad yw'n rhy hwyr i adfer y sefyllfa); *Climate Matters* gan John Broome (economegydd sy'n edrych ar y pwnc o bersbectif moesegol); *This Changes Everything* gan Naomi Klein (persbectif radical ar yr economi ôl-garbon); *Energy, the Great Driver* gan Gareth Wyn Jones (ymdriniaeth dreiddgar yn gosod yr argyfwng hinsawdd mewn cyd-destun chwyldroadau dros amser daearegol o gychwyn bywyd y ddaear i heriau'r Anthroposin); *The Merchants of Doubt,* Naomi Oreskes ac Erik M. Conway (cyflwyno Newid Hinsawdd fel y bygythiad diweddaraf i fuddiannau busnes a'r dulliau propaganda a ddefnyddir i'w gadw rhag sylw'r cyhoedd); *The Carbon Crunch,* Dieter Helm (agweddau economaidd ar garbon a phaham ein bod ar y trywydd anghywir ar hyn o bryd); *Storms of my Grandchildren,* James Hansen (llyfr diymddiheuriad yn ei gyflwyniad Armagedonaidd gan un o arweinyddion gwyddonol mwyaf profiadol a blaenllaw yr UD).

Mae cyfrolau ar gael hefyd sydd â gogwydd asgell dde iddynt, gan awduron heb arbenigedd yn y maes ar y cyfan. Dibynnu a wnaent ar wadu neu fwrw amheuon ar yr wyddoniaeth, yn aml trwy ogrwn rhannau dethol o'r data (*cherry picking*) sy'n ffafrio eu safbwynt. Anodd bod yn ddiduedd wrth sôn amdanynt.

Stwrsiwn i'r Brenin – *unwaith yn y pedwar amser*

27 *Medi* 2013

Mae diwrnod dal pob stwrsiwn yn Ddiwrnod i'r Brenin. Y dyddiau hyn, tua unwaith bob degawd mae'r pysgodyn hynod hwn yn cael ei lanio yng Nghymru. Cafodd y diwethaf ei lanio ym Mhort Talbot yn 2004 yn ôl Sefydliad Rheolaeth y Pysgodfeydd. Cafwyd stwrsiwn ym mis Medi eleni hefyd, yn Noc Penfro. Abwyd sosej, yn ôl un sôn, a ddefnyddiodd y ddau bysgotwr ifanc i'w dirio. Soniodd pawb am gafiâr, neu am y cig amheuthun, ond heb sôn o ddifri am hawl honedig y frenhines druan ar holl stwrsiynau ei theyrnas. Y gorchymyn swyddogol erbyn hyn – gorchymyn call iawn (o safbwynt y Frenhiniaeth ac o safbwynt y stwrsiwn) – yw ei ryddhau i'r gwyllt yn syth.

Yn ôl pob sôn ystyriwyd y 'Stwrsiwn Brenhinol' yn bysgodyn prin yn Oes Fictoria hefyd, ond pa mor brin oedd o bryd hynny? Cesglais 76 o gofnodion o Gymru dros y ganrif honno, sef cyfartaledd o un bob tua blwyddyn a hanner, a dipyn mwy na heddiw. Ac fel heddiw, roedd stwrsiynau'r bedwaredd ganrif ar bymtheg yn gwneud digon o sioe i haeddu lle yn y papurau newydd. Mae'n debyg mai eu maint rhyfeddol, hynodrwydd eu ffurf a blas eu cnawd, yn gymaint â'u prinder, oedd i gyfrif am hynny. Mae'r stwrsiwn yn 'ffosil byw' yng ngwir ystyr yr ymadrodd gyda'r hil wedi aros yn ddigyfnewid dros gan miliwn o flynyddoedd. Yn ôl papurau newydd y bedwaredd ganrif ar bymtheg (sydd bellach yn chwiliadwy ar-lein ar wefan wyrthiol Llyfrgell Genedlaethol Cymru) fe'u daliwyd mewn rhwydi pysgotwyr eog yn afonydd ac aberoedd Cymru ac ar ein cefnfor cyfagos. Eu tynged gan amlaf oedd cael eu harddangos ar slabyn oer y pysgodwerthwr lleol. Weithiau fe'u rhoddwyd i faer y dref, ac weithiau, trwy orfodaeth gan yr awdurdodau neu deyrngarwch brenhinol gan y pysgotwr, mae'n debyg, fe'u rhoddwyd i'r Sofran.

Ym mis Mai 1910 cafodd stwrsiwn ei ddal oddi ar Ynys Tudwal yn rhwydi llong bysgota rhyw Gapten Smalley o Bwllheli. Stwrsiwn hynod bitw oedd hwn, mae'n rhaid dweud, o'i gymharu â'r rhelyw. Pwysai gwta 26 pwys a mesurai ychydig dros 4 troedfedd o hyd (pwysai'r stwrsiwn mwyaf a ddaliwyd erioed 705 pwys gan fesur 11 troedfedd). Y pryd hynny bu i Smalley gysylltu'n syth trwy gyfrwng y teligraff ag ysgrifennydd preifat y brenin newydd Siôr V i gynnig iddo stwrsiwn cyntaf ei deyrnasiad, o Fae Ceredigion. Roedd teyrngarwch brenhinol yn amlwg yn fyw ac yn iach ar y pryd, ac yn byw ym Mhwllheli! Derbyniodd y brenin y stwrsiwn yn raslon ac fe'i hanfonwyd ar unwaith ar y trên 1.25 o Bwllheli i Euston.

Cafodd rhagor na thri chwarter y stwrsiynau a ddaliwyd yng Nghymru yn y cyfnod 1805–1910 eu dal ym misoedd Mai, Mehefin a Gorffennaf. Cafwyd '*several*' ar un achlysur ym mis Medi 1878, sef y mis y daliwyd y diweddaraf uchod yn Noc Penfro. Weithiau cawsant eu dal gan gyryglwyr ar afonydd Tywi a Teifi, ambell un ymhell i fyny afon Hafren fel petaent ar eu ffordd i gladdu wyau ym mlaenau'r afon. Cafodd nifer eu rhwydo ar y cefnfor agos gan gychod pysgota, megis gan y *steam trawler Fuschia* ym mis Ionawr, bedwar mis cyn stwrsiwn Capt. Smalley. Tybed oedd yna wasgariad o'r cynefin cynhenid yn digwydd ar y pryd? Yn wahanol i'r un diweddaraf, ni chafwyd yr un ar lein bysgota.

Yn dilyn trafodaeth am y stwrsiwn ar raglen *Galwad Cynnar* Radio Cymru cafwyd ymateb arbennig am stwrsiwn arall eto, gan Guto Davies. Mae'n werth dyfynnu'r e-bost yn ei grynswth, a chymharu, efallai,

Stwrsiwn Brenhinol Nantgaredig tua 1920. Llun: Guto Davies

ymateb y Capten Smalley tua deng mlynedd ynghynt:

'Dyma lun roddwyd i mi gan fy nhad, Eirian Davies gynt o Nantgaredig ger Caerfyrddin, yn dangos *sturgeon* a ddaliwyd yn afon Tywi tuag ugeiniau'r ganrif ddiwethaf. Dywedodd Dad fod cyfaill iddo wedi ei ddeffro yn gynnar un bore gan feddwl fod buwch wedi disgyn i'r afon ger pont Nantgaredig, gan fod trwst mawr i'w glywed. Nid buwch, ond *sturgeon* oedd wedi ei ddal mewn pwll ar gwr yr afon. Daliwyd y pysgodyn a'i gario i glos fferm Llandeilo'r Ynys gerllaw, lle tynnwyd y llun. Disgrifiodd Dad fel yr oedd yr wyau (cafiâr?) yn llifo o'r pysgodyn dros glos y ffarm fel llaid. Cyn hir daeth cert i gludo'r pysgodyn brenhinol i'r orsaf i'w ddwyn gerbron y brenin yn Llundain. Beth amser wedyn derbyniodd fy nhad-cu, David Davies o'r Llain, Nantgaredig, delegram brenhinol yn diolch am ymdrechion y teulu i arbed y pysgodyn mawr. Wedi darllen y telegram ac oedi tipyn, rholiodd Dad-cu y papur yn belen a'i daflu i lygad y tân.'

2020

Ar un adeg roedd y stwrsiwn Ewropeaidd yn ffynnu ym Môr y Gogledd ond fe'i hystyriwyd yn rhywogaeth goll i bob pwrpas ers 40 mlynedd. Mae pysgod mawr, hirhoedlog sy'n mudo'n bell mewn perygl mawr a'r stwrsiwn yn arbennig felly. Ond yn 2018 cyhoeddwyd bwriad gan

Bundestag yr Almaen i'w ailgyflwyno i afon Elbe, ac mae cynlluniau ar droed i roi hynny ar waith fel rhan o Strategaeth Bioamrywiaeth yr Undeb Ewropeaidd. Dangoswyd rhywfaint o ddiddordeb gan yr asiantaethau yma yn y posibilrwydd o efelychu'r prosiect hwn yng Nghymru.

Cafiâr – cynaeafu ynteu ecsploetio?

Yn 2017 sefydlwyd cwmni yn Swydd Efrog i ffermio stwrsiynau ar gyfer eu hwyau – hynny yw, eu cafiâr amheuthun. Mae'r cwmni'n defnyddio system o gynaeafu'r wyau heb ladd y stwrsiwn, a dywedir y byddant yn dychwelyd y pysgodyn yn y pen draw i ymddeoliad dedwydd yn llynnoedd Ewrop (lle maent yn perthyn yn wreiddiol, dwi'n cymryd). Gyda'r diddordeb cynyddol mewn ansawdd, cynhyrchiant a tharddiad ein bwydydd, ydi hwn yn gynnyrch allasai fod yn dderbyniol i rai mathau o lysieuwyr – y rhai sydd am osgoi lladd anifeiliaid ymdeimladol er mwyn eu bwyta?

O'r safbwynt yma, ydi hyn yr un fath â godro buwch am ei llefrith, menyn a chaws? Yn well, os rhywbeth – onid yw'r diwydiant llaeth yn gorfod dibynnu ar gynhyrchu (neu yn amlach, lladd) y teirw anochel nad oes defnydd amgen iddynt heblaw cig? Ynteu ai ecsbloetio ydi ecsbloetio beth bynnag fo'r cynnyrch? Rhyngom ni a'n cydwybod, mae'n debyg. Cymhelliad arall y cwmni hwn yw creu galw am y stwrsiwn fydd yn gymorth i atal y trai graddol yn ei boblogaeth. Cymhelliad cymeradwy, mae'n debyg.

Tu hwnt i'r bondo

6 Mawrth 2009

Ar un adeg, rhan o'm gwaith gyda Chyngor Cefn Gwlad Cymru oedd ceisio perswadio perchnogion tai i estyn croeso i'r ystlumod yn yr atig yn hytrach na'u pardduo. Roedd hyn yn fuan ar ôl i ddeddf cadwraeth ystlumod ddod i rym rai blynyddoedd yn ôl, ac am sbel roeddwn yn mynd i gysgu'r nos ac yn deffro'r bore ym myd y *soffits*, y *barge boards* a'r landerydd. Dyma'r pethau sy'n ganolbwynt i fywyd amryw fathau o ystlumod, sef y pethau sy'n cysylltu'r to a'r wal mewn tai, boed fach neu fawr.

Petawn i'n ystlum fy hun, neu'n wennol y bondo neu'n aderyn to, y cyfryw bethau hyn fyddai'n mynd â'm bryd innau bob gwanwyn wrth geisio lloches i fagu ac i fochel. Cofiaf fynd i wylio beunos fargodion Ael y Bryn, Dyffryn Ardudwy, i gyfri'r ystlumod barfog yr oeddwn wedi eu darganfod yno, a'u cael yn hedfan allan i'r gwyll ar union yr un amser cyn y machlud bob nos. Ddeallais i byth, gyda llaw, sut y gwyddant pryd i fentro o dywyllwch yr atig i wyll y nos – y pen-ystlum yn eu plith yn sbecian rhwng y llechi, o bosib?

Erbyn hyn mae Ael y Bryn yn westy moethus a'r bargodion mewn gwell cyflwr nag y buont ers blynyddoedd, mae'n debyg – gwelliant nad yw wrth fodd yr ystlumod, nac adar to'r ardal chwaith, am yr un rhesymau.

Yn eu hadroddiad blynyddol ar gyflwr adar Prydain, dywed y Gymdeithas Frenhinol er Gwarchod Adar bod adar y to ar drai o hyd yn Lloegr, ond nid yng Nghymru. Ni chawn esboniad pam, ond hwyrach bod a wnelo rhan o'r ateb â chyflwr tai Cymru. Efallai am ein bod ni'n llai tebyg o'u cynnal – efallai yn llai abl i fforddio'u cynnal? Does dim rhyfedd na chawsom esboniad gan yr RSPB am y gwahaniaeth. Rhy sensitif, ofn pechu eu haelodau Cymreig!

Ysgwn i ble roedd golfanod neu adar to yn byw cyn bod tai, a chyn bod pobl i godi tai? Mae'r un cwestiwn yn codi yng nghyswllt llygod bach hefyd. Mae dibyniaeth rhai creaduriaid a phlanhigion ar bobl yn mynd yn ôl ymhell iawn. Mewn ysgrif gynnar o Loegr Eingl-sacsonaidd, cofnododd Beda (The Venerable Bede), sef mynach o Jarrow, Swydd Durham, yn y flwyddyn 731, araith gan brif offeiriad Llys y Brenin Edwin. Cymharodd fywyd Dyn gyda'r olfan a ddaeth i mewn i'r neuadd fawr o'r storm, ac a aeth ymaith eto trwy dwll yn y pen arall. 'Eich Mawrhydi,' meddai Beda, 'os cymharwn ein bywyd yma ar y ddaear gyda'r amseroedd hynny cyn ein geni ac ar ôl ein holaf gŵyn, mae'n ymddangos i mi ond megis chwinciad y chwannen, neu hedfaniad yr olfan dros eich gwledd yn y neuadd fawr hon ar ddiwrnod oer o aeaf. O'ch blaen y mae tân cysurus yn cynhesu, ond y tu allan mae'r tymhestloedd yn rhuo a'r glaw yn taro. Mae'r olfan fach yn hedfan i mewn i'r neuadd, ac allan yn syth drachefn trwy dwll yn y pen arall. Tra bydd yn croesi'r neuadd y mae'n ddiogel rhag y dymestl, ond ar ôl yr ennyd hwn o gysur mae'n diflannu eto i ganol y ddrycin o ble y daeth. Felly,' meddai Beda, 'yw buchedd dyn ar y ddaear hon – mae'n ymddangos am gyfnod byr, ond am yr hyn a fu cyn ei ddod, ac am yr hyn sydd i'w ddilyn, ni wyddom ddim.'

2020

Wrth ailddarllen hwn ychydig flynyddoedd yn ddiweddarach mae'n fy nharo'n rhyfedd fod canfyddiad y Canol Oesoedd cynnar (Sacsonaidd, o leiaf) o'r byd hwn yn un cysurlon a moethus, a'u canfyddiad o'r 'byd arall' yn un ansefydlog ac anghysurus. Fel arall roeddwn yn tybio yr oedd hi ... i'r cyfiawn, beth bynnag.

Oes yna islais, heb ei gydnabod na'i ynganu, o densiwn

rhwng amgylcheddwyr a chrefyddwyr o arddeliad; rhwng y byd yma (a'r blaned fregus hon) a'r 'byd arall'? Mae dyn yn cofio parodrwydd – awydd, hyd yn oed – Islamiaid ffwdamentalaidd i aberthu eu hunain ar allor y byd gwell y mae'r Quran yn ei addo. Dywedir *nad* yw'r Arlywydd Bolsanaro o Frasil, fandal yr Amason, yn wadwr Newid Hinsawdd. Mae'r dyn yn gyfforddus gyda chanlyniadau catastroffig ei bolisïau, a pholisïau tebyg arweinwyr eraill. Honnir i'w athroniaeth wyredig dderbyn sêl bendith sawl Pab. Ydi'r olfan yn y neuadd fawr yn ddameg i bryderon seciwlar y byd hwn yn erbyn hiraeth am berffeithrwydd 'y byd arall'? Y cabledd mwyaf oll yw parodrwydd rhai i aberthu'r byd hwn ar allor Y Byd Nesaf.

Ystlumod Cymru

Sawl math o ystlum sydd yng Nghymru? Tri? Saith? Fe synnech! Y mwyaf cyffredin yw'r **ystlum lleiaf** neu'r pipistrél. Ond fe synnech ddwywaith ... yn ddiweddar bu'n rhaid rhannu'r rhywogaeth yma'n ddau, nid yn ôl unrhyw hynodwedd gorfforol ond yn ôl eu sŵn ecoleoli. Gelwir un yn bipistrél SOPRANO a'r llall yn bipistrél ALTO. Deuawd Steddfod y Slumod ar ei ffordd!

Y mwyaf ei faint yw – arhoswch amdani – yr **ystlum mawr**! Ystlum coed ydi hwn. Ac mae yna un tebyg iddo o ran maint, sef **ystlum Leisler** sy'n bennaf yn Iwerddon. Mae'n gymharol hawdd gwahaniaethu rhyngddynt – mae Leisler fel petai'n rhoi jel ar ei flew! Y prinnaf yng Nghymru yw'r **ystlum pedol mawr**. Dechreuodd ymledu yn ddiweddar, diolch i newid hinsawdd, mae'n debyg, o'i gadarnle yn Sir Benfro i gyffiniau Aberystwyth a thu hwnt. Mae'n un o ddau yn unig sy'n clwydo fel ystlum y ddihareb – yn hongian â'i ben at i lawr! Y llall yw'r **ystlum pedol lleiaf** sy'n fwy niferus yng ngorllewin Cymru nag unman arall yn y byd. Nid felly'r **ystlum adain-lydan** prin, sy'n stelcian-glwydo yn nhoeau ambell dŷ heb yn wybod i'r preswylydd i lawr y grisiau! Yr ystlum gyda'r clustiau mwyaf yw'r **ystlum hirglust** – addasiad, mae'n debyg, i'w ddull hynod o hela. Mae'n lloffa ymysg dail y coed a gwair y ddôl am ei damaid. Ac a sôn am ddulliau o hela, mae **ystlum y dŵr** (neu ystlum Daubenton) yn defnyddio'i grafangau hir i gipio pryfed oddi ar wyneb llynnoedd, neu byllau dŵr afonydd.

Ystlum adain lydan yn stelcian mewn to tŷ modern heb yn wybod i'r perchen i lawr y grisiau!

Ond mae hi'n anodd cadw i fyny efo'r 'slumod yma, cofiwch – yn y blynyddoedd diwethaf mae **ystlum Nathusius**, oedd yn ymwelydd mudol achlysurol o'r cyfandir â dwyrain Lloegr, bellach wedi ymgartrefu yng Nghymru, o bosib eto oherwydd newid hinsawdd. Dyna i chi naw ohonyn nhw... ac rydym yn dal i gyfrif, gan fod y sefyllfa yn newid o hyd.

Y Bendas Eithin: *cadw'r fflam ynghyn*

30 Hydref 2009

Wn i ddim faint o weithiau erioed y bûm i heibio'r Bendas, tyddyn uchaf plwyf Waunfawr ar rostir Cefn Du. Wn i ddim chwaith sawl gwaith y bûm i'n ceisio dyfalu pam y rhoddwyd y fath enw arno ... tan tua mis yn ôl. Dyna ydi'r pleser o dreulio bore gwlyb yn archifdy ardderchog Caernarfon: bore yn pori trwy hen ddogfennau, bore yn cael ambell ateb annisgwyl i ambell gwestiwn a fu'n cnoi ers oes. Dyma a ddarllenais yno yng nghyfrol plwyfgofnodion Edward Llwyd (c.1660–1709) a alwodd wrth yr enw *Parochialia*: 'By das Eithin gynt ar ben moel is-bri [Moel Isbri, plwyf Llanelltud heddiw]'. Mi ganodd hyn gloch i mi, a dyma holi aelod o'r staff, Steffan ab Owain. Tynnodd fy sylw at ei lyfr, *Hynodion Gwlad y Bryniau** am esboniad, a chefais mai cyfeiriad yw hwn at fwdwl eithin, neu fath o *beacon* cynnar a 'fu gynt yn amser Siarl I'. Darllenais yn y gyfrol hefyd am 'fwdwl eithin ar ben y Garnedd Wen, Llanuwchllyn'. Dull o gyhoeddi newyddion mawr i gymunedau diarffordd oedd y goleufeydd hyn, cyn oes papurau newyddion.

Mae'r tir o gwmpas Pendas Eithin hyd heddiw yn ymdebygu i das eithin – eithin mân, nid yr eithin Ffrengig cyffredin. Fel mae ei enw'n awgrymu, cafodd yr eithin Ffrengig ei gyflwyno yma i'w blannu ar hyd ffermydd llawr gwlad ganrif neu ddwy yn ôl fel porthiant i wartheg. Bu'r eithin mân yn drwch ar hyd yr ucheldir erioed, a'r unig fath o eithin cyfarwydd yn oes Siarl I, ac yn danwydd parod i gynnal

* Steffan ab Owain, *Hynodion Gwlad y Bryniau*; Llyfrau Llafar Gwlad, Gwasg Carreg Gwalch (2000).

y goelcerth achlysurol. Yn wir, mae tân yn ffafrio eithin.

Chlywais i erioed am goelcerth Ganoloesol yn y Waunfawr, ond gallaf gredu mai dyna yw tarddiad yr enw. Bu Cefn Du yn frith o *beacons* o un math neu'r llall. Mae pobl yr ardal yn gyfarwydd â'r tyllau a wnaethpwyd ag ebill yn y creigiau ar y copa gan chwarelwyr oes Fictoria – maent i'w gweld o hyd. Tân gwyllt cynnar oedd y rhain, yn cael eu llenwi â ffrwydron (o Chwarel Cefn Du gerllaw) i'w tanio ar adeg jiwbilî'r frenhines neu ryw achlysur o bwys tebyg. Ai hynodwedd naturiol yn perthyn i'r mynydd a fenthycodd ei hun i'r tân gwyllt hyn, ynteu ai cof ardal am hen arfer a fynnodd barhad ar newydd wedd? Mymryn o'r ddau, mae'n siŵr.

Estynnwn am ennyd ein diffiniad o '*beacon*' i gynnwys unrhyw ddull o gysylltu ag eraill o bell ac mi welwn y traddodiad yn parhau yn ddiweddarach fyth. Cefn Du oedd man darlledu'r neges radio gyntaf o Brydain i Awstralia ar 22 Medi 1918 gan neb llai na Guglielmo Marconi. O grwydro drwy'r grug uwchlaw'r ffordd sy'n rhedeg rhwng Ceunant a'r Waunfawr, gwelwn o hyd hen sylfeini concrid y tri mast ar ddeg a gododd Marconi at ei waith. Beth aeth trwy ei ben wrth iddo benderfynu ar y llecyn hwn, tybed?

Syr William Henry Preece (1834–1913), brodor o'r Waunfawr a phrif beiriannydd y Swyddfa Bost, fu'n gyfrifol am hudo'r dyn mawr i gyrion Cefn Du. Ond paham Cefn Du yn union? Ai ei gynefindra personol â'r lle? Ai ei gof am yr hen arfer o gysylltu â phobl trwy wahanol ddulliau? Ynteu ryw rinweddau naturiol arbennig a welodd

Guglielmo Marconi

Tyllau a wnaethpwyd ag ebill yn y creigiau ar y copa gan chwarelwyr oes Fictoria. Llun: Alun Williams.

Preece ar gyfer datblygu ei syniadau am y telegraff cynnar nad ydynt ar fryniau tebyg cyfagos megis Moel Tryfan, Moel Rhiwen a Moel y Ci? Mae plac yn anrhydeddu Preece ar fur Swyddfa Bost Caernarfon. Mast cysylltu ffonau symudol sydd ar safle Marconi heddiw, ac mae Swyddfa'r Post ar ei gwely angau.

2020

Rwy'n cyfaddef, fel y nesaf peth i frodor o'r Waunfawr, nad wyf yn gwbl ddiduedd yn hyn o beth, ond mae'n destun rhyfeddod i mi cynifer o 'amgylcheddwyr' o un math neu'i gilydd sydd wedi cyrchu, wedi byw neu sydd yn byw yn y Waunfawr. Dyma danio'r goelcerth i'w goleuo (er, peth peryg ydi rhestru enwau).

Dyna ddechrau efo'r rhyfeddol John Evans Hafod Oleu, Cefn Du, cymydog agosaf y Bendas a thirfesurwr a aeth i chwilio am ddisgynyddion Madog yn America'r ddeunawfed ganrif, William Preece (uchod) a'i *brotégé* Marconi (os cawn fod mor hyf â'i hawlio yntau), Mary Vaughan Jones, y biolegydd a'r polimath, Leo Taylor a John Elis Roberts (mynyddwyr) a llu o rai sy'n cyfoethogi ein bywyd lleol a chenedlaethol o hyd: Huw Jones (meteorolegydd), Rhys Jones (adarydd), Dei Tomos (darlledwr), Ann Jones (botanegydd), Anna Williams (bywyd gwyllt yr ardd), Inigo Jones (un o wardeiniaid cyntaf y Parc), Mike Hull (gwyfynwr y rhoddwyd y gair *hullii* i o leiaf un enw gwyfyn nas adnebid gan Wyddoniaeth ynghynt, fel cydnabyddiaeth iddo), Bruce Hurst (gwyfynwr arall gynt o Waunfawr, bellach o Ryd-ddu gerllaw), Aled 'Cochyn' Taylor a Ken Latham (mynyddwyr), Gwilym Morris (Mois) Jones (hanesydd cof gwerin) ... a iôrs trŵli, os ga' i fod mor bowld! Dyna i chi ddau ar bymtheg o amgylcheddwyr y gellir eu cyfrif o un pentref. Ydi hyn yn record i bentref o 2000 o eneidiau? Dwedwch chi ...

Bu'r eithin mân yn drwch ar hyd yr ucheldir erioed. Dyma'r unig fath o eithin cyfarwydd yn oes Siarl I, ac roedd yn danwydd parod i gynnal y goelcerth achlysurol. Llun: Alun Williams

Gair am Marconi

Ganwyd Guglielmo Giovanni Maria Marconi, Ardalydd Cyntaf Marconi, ar 25 Ebrill 1874. Bu farw 20 Gorffennaf 1937. Roedd Marconi yn ddyfeisiwr Eidalaidd, yn beiriannydd trydanol ac yn *entrepreneur*. Mae'n cael ei gofio am ei waith arloesol yn datblygu dulliau trawsyrru tonfeddi radio dros bellteroedd mawr, datblygu deddf Marconi, a'r system deligraff radio. Caiff y clod hefyd am ddyfeisio radio gan rannu Gwobr Nobel 1909 gyda Karl Ferdinand Braun am eu cyfraniad i ddatblygiad y teligraff.

Mastiau darlledu cynnar ar gomin Cefn Du, Waenfawr.

Y *blaidd wrth y drws a'r Cymry'n dawedog?*

20 I*onawr* 2012

Tydw i ddim yn un sy'n gwirioni'n hawdd ar selébs, na chwlt unrhyw bersonoliaeth – un o dueddiadau anffodus ein hoes ydi hynny. Ond ymysg y rhaglenni mwyaf cofiadwy i mi o arlwy teledu'r Nadolig oedd y cyfweliad gyda'r arch-rapsgaliwn hwnnw o Ruthun, Rhys Ifans.

Cafodd hanes ei dröedigaeth hwyr i William Shakespeare effaith arnaf. Er i selébs fy niflasu'n hawdd, mae gen i lawer o amser i William Shakespeare, a phan ddechreuodd Rhys adrodd monolog y brenin Rhisiart y Trydydd, '*Now is the winter of our discontent made glorious summer by this sun of York,*' aeth iasau i lawr fy nghefn. Cawn weld eto beth fydd y byd yn ei feddwl o Rhys Ifans [mae'r byd wedi hen benderfynu erbyn hyn, wrth gwrs], ond bûm yn credu erioed bod gorchestion rhai pobl mor hynod, mor sylweddol ac mor bellgyrhaeddol fel y gellir dweud eu bod nhw'n perthyn, nid i'w cenedl yn unig, ond i'r Byd. Felly William Shakespeare, ac felly hefyd Mozart (Awstria), Einstein (yr Almaen), Charles Darwin (Lloegr) a Linnaeus (Sweden).

Petai'r Gymraeg wedi cael mwy o 'lwc hanesyddol' byddai wedi llwyddo i gyrraedd mwy o bobl, a dywed rhai y byddai Dafydd ap Gwilym yn rhan o'r criw dethol hwn. Canodd am y cyffylog a'r ceiliog ffesant a llu o greaduriaid eraill fel petai'n hollol gyfarwydd â hwy. Faint ohonoch chi sy'n gwybod beth yw cyffylog erbyn hyn, heb sôn am ei adnabod? Yn fwy perthnasol, efallai, faint o feirdd Cymraeg heddiw fyddai'n teimlo'n gyfforddus yn sôn am gyffylog?

Diolch i Dafydd mae sylfaen adnabod a gwerthfawrogi bywyd gwyllt gennym eisoes. Ein cyndynrwydd i ehangu ein profiad (neu i adfer y profiad a gollasom, efallai) i feysydd mwy astrus megis pryfetach, ffwng, gwyfynod, adar llai cyfarwydd neu anos i'w hadnabod, yw'r broblem. Ai gafael haearnaidd y Sefydliad Cymraeg ceidwadol ac ofnus ar Y Pethe sy'n llyffethair arnom yn hyn o beth? 'Mond gofyn!

Ond erbyn hyn mae cenhedlaeth newydd o naturiaethwyr Cymraeg eu hiaith wedi ein cyrraedd, llawer sydd am ymarfer eu crefft yn y Gymraeg. Os na chânt y cyfle i wneud hyn yn llawn ac yn llon, gwyddom i ble yr ânt i ddilyn eu diddordeb! Do, daeth y to newydd hwn i fodolaeth dan ddylanwad Saeson brwdfrydig a sgilgar, a daeth Cymdeithas Edward Llwyd a'i sylfaenydd, Dafydd Dafis, Rhandirmwyn, i'r adwy ddeng mlynedd ar hugain yn ôl i Gymreigio'r maes.

Wrth ehangu gweithgareddau Cymraeg i'r mannau newydd hyn (nid natur yn unig, wrth gwrs) a thrin y Gymraeg fel cyfrwng i'w ddefnyddio, nid fel 'jwg ar seld' yn unig i'w hamddiffyn a'i hachub yn dragwyddol, efallai – jest efallai – y bydd hynny'n gymorth i achub y Gymraeg ei hun fel iaith fyw. Gair i gall, Bobl y Pethe?

Gan Linnaeus (gweler tud. 67) cawsom y modd i wahaniaethu'n gyson a chywir rhwng un rhywogaeth a'r llall heb fynd ar goll mewn dryswch semantig am ba enw sy'n cyfeirio at ba greadur. Ffurf ar Ladin oedd ei *lingua franca* ef. O ran Darwin, gobeithio nad oes angen eich atgoffa o'i gymwynas yntau i'r byd. Mae ei 'Syniad Peryglus' enwog yn fygythiad o hyd i sawl grŵp ceidwadol dros y byd. (Gweler tud. 19.)

Cefais achos yn ddiweddar i drafod mewn cyfarfod sut y dylid cydnabod i'r Byd Cymraeg fod Darwin wedi ymweld â Chwm Idwal ddwywaith: ffaith yr oeddwn, ac yr ydwyf, yn bur falch ohoni. Nid yw'n ormodiaeth i ddweud y bu'r ymweliadau hynny yn gyfraniad i hanes y ddynoliaeth. Ni welodd Darwin 'yr amlwg' yng Nghwm Idwal tan ei ail ymweliad, pan nododd nad yw tŷ wedi ei losgi'n ulw yn gystal tystiolaeth o'r tân a'i llosgodd ag y mae ffurfiau tir Cwm Idwal yn dystiolaeth o effeithiau'r rhewlif arnynt.

Ceisiwyd, yn y cyfarfod dan sylw, i'm perswadio nad ein busnes ni, y Cymry Cymraeg, yw rhannu'r goleuni hyn – gwell gadael hynny i'r Sais. Trist iawn. Nid Saeson sydd biau damcaniaeth Darwin am mai Sais oedd yr awdur, mwy nag y mae Awstria yn berchen ar waith toreithiog Mozart am mai Awstriad oedd o. Ymfalchïwn yn y bobl hyn, a diosgwn y bagej! Dewch i ni eu hailddehongli trwy brism Cymreig. Cymreigiwn hwynt ar bob cyfri – ond peidiwn â'u trin fel bygythiad. Dydyn nhw ddim.

Saeson yn anad unrhyw genedl arall sydd wedi creu'r traddodiad o gofnodi bywyd gwyllt, sydd mor werthfawr yn y byd argyfyngus sydd ohoni. Nid yw Cymru'n wagle yn hyn o beth, wrth gwrs, gyda phobl megis Edward Llwyd ei hun a Hugh Davies (awdur *Welsh Botanology* ac offeiriad o Fôn) yn gwneud gwaith anrhydeddus iawn a dweud y lleiaf. Onid o dan ddylanwad offeiriaid Eglwys Loegr yn bennaf y gwnaethant eu cyfraniad? Mater arall ydi beth ddywed hyn am ba mor gydwybodol oedd yr offeiriaid parthed y *day-job* o fugeilio'u praidd a physgota dynion!

Cwm Idwal: yr olygfa o'r Garn.
Llun: Iwan Roberts

2020

Trafodwn y blaidd (a'r sioncyn) yn hyderus yn y Gymraeg. Llun: Dys Griffiths.

Teimlaf bwys y geiriau hyn fwy nag erioed. Mae'r argyfwng natur ar ein gwarthaf gyda thrai a newid yn statws rhywogaethau ar bob llaw. Bûm yn siarad â chyfaill yn ddiweddar – cyfaill nad yw'n naturiaethwr o fath yn y byd. Dywedodd iddo weld sioncyn gwair a meddwl, 'mae'n rhaid bod blynyddoedd ers i mi weld un o'r rhain, a hwythau mor gyfarwydd i ni'n blant.' A chaniatáu nad ydi dyn yn ei oed a'i amser am dreulio hafau hirfelyn tesog heddiw yn chwarae ar ei fol efo'i fêts mewn caeau gwair (hyd yn oed os oes rhai i'w cael yn y môr o gaeau silwair a gymerodd eu lle ... mae cliw yn fan'na!) meddyliais ei bod yn arwydd fod rhywbeth mawr yn digwydd pan fo pobl ddiarbenigedd yn sylwi ar yr hyn mae arbenigwyr yn unig, hyd yma, yn ei weld. Ydi'r arbenigwyr yn gweiddi 'Blaidd!' yn rhy fyrbwyll? Efallai, efallai ddim – ond tydi hynny ddim yn golygu nad oes yno flaidd! Trafodwn y blaidd yn hyderus a chroch yn y Gymraeg!

Y *llewyn*: *gwyddoniaeth ynteu bropaganda*?

12 H*ydref* 2012

Mae'n arwydd o rywbeth pan fo dyn yn gorfod mynd i ogledd yr Alban i ddysgu am farddoniaeth Gymraeg. Ond dyna fu. Yng nghanol hen gerdd arwrol, feddwol, waedlyd *Y Gododdin* mae yna suo-gân fach dyner yn gorwedd yno yn anghyfforddus. Ond nid am resymau llenyddol yn unig y bachodd y gân hon sylw'r Albanwyr y bûm i'n siarad â nhw yn ddiweddar. Enw'r plentyn yn y gân yw Dinogad, ac mae'n dyddio'n ôl, mae'n debyg, i'r seithfed ganrif er na chafodd ei hysgrifennu ar unrhyw femrwn tan y 14eg ganrif. Yn yr iaith Gymbriaidd yr ysgrifennwyd y gerdd, perthynas agos iawn i'r Gymraeg, ac yn hen deyrnas Rheged (Cumbria heddiw) y'i canwyd. Brolio galluoedd hela tad y plentyn yw byrdwn y gân, ac mae'r rhibidirês o anifeiliaid yr helfa y sonnir amdanynt yn agoriad llygad i unrhyw hanesydd natur. Digon hawdd eu rhestru: 'crwyn belaod' (crwyn y bele, neu'r *pine marten*), 'pysg yn nghorwg' (pysgod mewn cwrwgl), 'iwrch' (math o garw), 'gwythwch' (baedd gwyllt), 'hydd' (carw coch), a 'grugiar fraith'. Mae tri anifail arall yn y gân nad yw eu harwyddocâd, na'u hystyr, mor amlwg i ni heddiw. Y tri hyn yw 'llwynain', 'llewyn', a 'llew'.

Y lyncs: ai hwn oedd y llewyn?

Cytuna'r gwybodusion iaith mai llwynog yw ystyr 'llwynain', ond ni fu yr un cytundeb ynglŷn ag ystyr 'llewyn'. O'r hyn a wyddwn, ni chwestiynwyd ystyr 'llew' erioed tan rŵan. Yr Albanwr y cefais y fraint o'i gyfarfod oedd prif awdur papur trafod dysgedig, gynt o adran sŵoleg Prifysgol Aberdeen, David Hetherington. Mae'r papur yn trafod arwyddocâd y tri anifail hyn yng nghân Dinogad.

Lleoliad y gân yw Rhaeadr Derwennydd, rhaeadr a briodolir i The Falls of Lodore heddiw, rhaeadr drawiadol sy'n llifo i Derwent Water yn Ardal y Llynnoedd. Ni ddaethpwyd i unrhyw gasgliad pendant cyn hyn ynglŷn ag ystyr 'llewyn' ychwaith; gallai olygu cath wyllt (anifail sy'n byw o hyd yn ucheldir yr Alban ac a oedd yn gyffredin ar un adeg yng Nghymru), neu, yn ôl gwybodusion eraill, gallai fod yn air arall eto am lwynog. Yn fy nhyb i gallai hefyd olygu cybyn llew. Ond yn ôl Hetherington a'i gyd-awduron, mae posibiliad pwysig arall.

Mae'r awduron yn awgrymu mai math o lew bychan yw llewyn. Awgrymant hefyd, yn ddigon rhesymol, nad yw'r terfyniad '-yn' yn llewyn yn ddim amgenach na therfyniad unigol ac mai llew yw ystyr y ddau. Ond nid y llew sy'n gyfarwydd i chi a fi (hynny yw, llew mawr o Affrica neu India) ond lyncs. Meddai'r papur, 'llew *is considered to be entirely cognate with* lugh', sef y gair yn yr hen Aeleg am lyncs, a hynny ar y sail honedig bod y ddwy iaith yn cysylltu'r ffurfiau hyn â hen ffurf Indo-Ewropeaidd am olau, sef ein henwog Lleu. Mae'r gair 'goleu' ei hun yn dyst i hyn, fel y mae 'lleuad'. Y golau yn yr achos dan sylw yw llygaid pefriol pwerus enwog y lyncs, nid y llew.

Cafodd yr esgyrn lyncs mwyaf diweddar ym Mhrydain eu darganfod yn ogof Kinsey yn swydd Efrog, a chawsant eu dyddio trwy ddulliau radio carbon i fil a hanner o flynyddoedd yn ôl, canrif efallai cyn dyddiad honedig cân Dinogad. Os mai lyncs yw ystyr 'llew', mae cân Dinogad yn dod â hanes yr anifail rheibus hwn ym Mhrydain fymryn yn agosach atom. Honnwyd yn y gorffennol i'r lyncs farw o'r tir cyn y datgoedwigo mawr a ddigwyddodd yn y Canol Oesoedd ac na ellir felly briodoli ei ddiflaniad i law dyn, ond yn hytrach i hen newidiadau yn yr hinsawdd a ddigwyddodd ar ôl oes y Rhufeiniaid. Diflaniad 'naturiol' fyddai hynny, a byddai'n rhaid ei dderbyn yn ddi-gwestiwn. Ond o brofi bod y lyncs wedi parhau ym Mhrydain tan y Canol Oesoedd o leiaf, gellid dadlau mai dyn oedd yn gyfrifol am ei dranc trwy hela a thrwy'r datgoedwigo systematig a oedd yn digwydd ar y pryd. Byddai hyn yn rhoi sail foesol, meddai'r papur, i ailgyflwyno'r lyncs i ynys Prydain, neu o leiaf i'r Alban.

Yn anffodus, nid ystyriwyd y posibilrwydd fod pobl hyd y seithfed ganrif yn ddigon cyfarwydd â'r llew egsotig (yn ein hystyr fodern ni), neu ddelweddau ohono, a hynny ers oes y Rhufeiniaid. Ni chrybwyllir o gwbl yr hyn y mae Geiriadur Prifysgol Cymru yn ei ddweud yn blwmp ac yn blaen, sef mai benthyciad o'r Lladin *leo* yw'r gair 'llew'. Ai gwyddoniaeth sydd yn y papur hwn, ynteu bropaganda dros ailgyflwyno'r lyncs i dir Prydain? Mae lle i'r ddau – ond mae'n bwysig gwybod y gwahaniaeth.

Rhaeadr Derwennydd, rhaeadr a briodolir i The Falls of Lodore heddiw, rhaeadr drawiadol sy'n llifo i Derwent Water yn Ardal y Llynnoedd.

2020

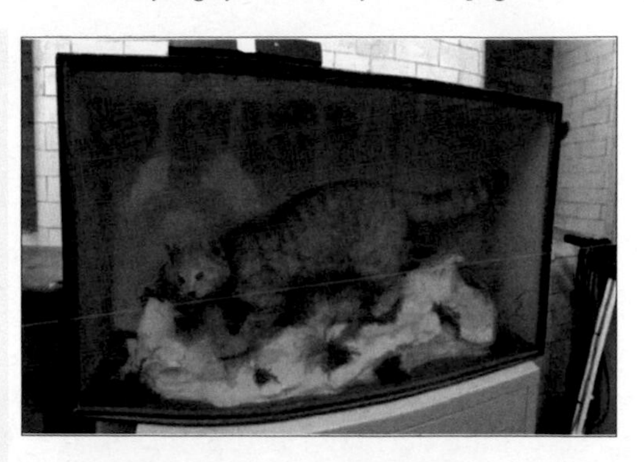

Y gath wyllt yn hen faddondy Caernarfon.

Yn ystod 2019 fe dynnwyd ein sylw at gath wyllt wedi ei stwffio yn nyfnderoedd yr Institiwt yng Nghaernarfon (yn yr hen faddondy cyhoeddus sydd bellach yn storfa. Dywedodd un cipolwg arni wrthym mai cath wyllt ydoedd. Ac mewn cyflwr da iawn hefyd, yn ddwywaith maint cath gyffredin, â chynffon hir swmpus, a phatrwm brith nodweddiadol. O ble daeth y gath? Doedd dim cliw ar y cas gwydr.

Mae cathod gwyllt yn fyw o hyd yng ngogledd yr Alban, ond mae pryder amdanynt gan fod y boblogaeth wedi tueddu i groesi gyda chathod domestig gan lygru eu genynnau, efallai y tu hwnt i adferiad.

Bu cathod gwyllt yn troedio Cymru ar un adeg. Yn niwedd y 19eg ganrif roedd hi'n arferiad gan y Plwyf dalu bownti am eu lladd. Oes yna sbesimenau o'r rhain yn dal i fod? Ai cath wyllt Gymreig yw'r corff hwn? Ai cath wyllt olaf Cymru ydyw (dwi'n rhamantu rŵan!) ynteu ai cyrraedd Caernarfon o'r Alban trwy ddirgel lwybrau bonedd Oes Fictoria a wnaeth?

I setlo'r mater unwaith ac am byth mae'n fwriad i godi sampl bychan o groen a blew y gath a'u hanfon i Gaeredin am ddadansoddiad DNA. Gwyliwch y gofod felly! Bydd y gath i'w gweld yn fuan yn arddangosfa'r Brambell, Prifysgol Bangor. Mater arall yw darganfod y lyncs Cymreig ...

Yr arolygydd wrth y drws

20 *Tachwedd* 2015

Ar raglen *Question Time* yn ddiweddar bu'n rhaid i'r gantores a'r ymgyrchwraig Gymreig Charlotte Church ddioddef mudandod byddarol gan y gynulleidfa ar ôl meiddio awgrymu mai Newid Hinsawdd sydd wrth wraidd y symudiad mawr o ffoaduriaid o Syria i Ewrop ar hyn o bryd. Chwarae teg i Ms Church, awgrymodd iddi ddyfynnu eraill wrth wneud yr honiad, ac nad oedd, mae'n debyg, yn wir gymwys yn bersonol i honni'r fath beth, mwy nag yr ydw i wrth ei chefnogi. Ond mae'r cysyniad yn un pwysig.

Dyma'r senario, yn ôl ei naratif hi, sy'n cysylltu'r ddau beth: y sychder a'r ffoi pedair blynedd o dywydd crasboeth yng ngogledd Syria yn achosi i ffermwyr fynd yn fethdalwyr, yn achosi iddynt ymfudo i'r trefi, yn achosi prinder bwyd, yn achosi tensiynau cymdeithasol, yn achosi i'r unben Assad geisio aros mewn grym trwy drais.

Achosodd hyn yn ei dro dwf yng ngrym ISIS fel cyfrwng i ddynion ifanc fynegi eu rhwystredigaeth a'u dicter tuag at y Gorllewin, a'r awydd ymysg y rhai mwy heddychlon a bl Yn wir, mi fuaswn i'n dadlau bod haneswyr wedi gorbwysleisio erioed y ffactorau dynol (ffactorau fel pŵer, cenfigen, eiddigedd, dialedd, rhagfarn, casineb, talu'r pwyth yn ôl ac ideoleg) wrth ymdrin â digwyddiadau hanesyddol heb ystyried yn llawn (os o gwbl) effeithiau gwaelodol yr amgylchedd ar y digwyddiadau hynny. Byddai gwneud hynny y tu allan i'w 'parth cysur'.

Mae'r syniad hwn o gadwyn hir o achos ac effaith, a sawl dolen iddi, yn gyfarwydd i ecolegwyr. Meddyliwch am aderyn – bronfraith efallai – yn cael ei ladd ar y ffordd.

Bronfraith yn cysgodi rhag yr eira yn yr ardd yn Nhrawsfynydd 18 Ionawr 2013. Llun: Keith O'Brien.

Beth oedd yn gyfrifol am ei farwolaeth? Cerbyd, wrth gwrs. Weithiau fe hoffem hel bai ar flerwch neu ddifaterwch y gyrrwr, ond gan amlaf nid yw ein hamgyffred o'r gadwyn o achos ac effaith yn mynd fawr pellach na'r ddwy ddolen honno.

Mae symleiddio'r byd i gowbois hetiau gwyn a chowbois hetiau du yn demtasiwn cyfeiliornus a chamarweiniol! Ar wahân i lwc ddrwg, beth yn union a laddodd yr aderyn? Yn ystod cyfnod o rew ac eira mae'r fronfraith yn llwgu ac yn gwanhau. Nid oes drwg nad yw'n dda i rywun, a dyna'r adeg y mae'r gwalch glas, y carlwm a'u tebyg yn gallu manteisio ar wendid eu prae a chael eu gwala. Mae'r fronfraith lwglyd ar adegau o'r fath yn haws i'w dal ... ac yn fwy tebygol hefyd o fethu â chodi mewn pryd i osgoi cerbyd.

Does dim da na drwg mewn Natur – dim ond enillwyr a chollwyr. Gallwn ddistyllu pob sefyllfa i gadwyn o achos ac effaith. I ddefnyddio'r jargon, y car (neu'r unben a'i filwyr) yw'r ffactor procsimol (*proximate factor)*, sef y ddolen gyntaf, a'r tywydd oer (neu'r sychder yng ngogledd Syria) y ffactor waelodol (*ultimate factor)*, y ddolen olaf.

Nid yw'n amhosib chwaith mai'r gwir ddolen olaf un yw'r newid hinsoddol, sef sychder oherwydd yr allyriadau carbon gan y gwledydd cyfoethocaf. Ond och a gwae, on'd ydi hynny'n dod â'r cyfrifoldeb yn anghyfforddus o agos at adref! Mae'r sawl sy'n gyfarwydd ag alegori ysgytwol J.B.

Priestley, *An Inspector Calls*, yn gwybod yn iawn am beth rydw i'n sôn.

2020

Dyma gynnig i chi! Ydi hi'n bosibl – tebygol, hyd yn oed – bod yr Argyfwng Hinsawdd yn ganolog i ddyrchafiad yr asgell dde wleidyddol yma ac ar draws y byd? A welodd pobl fwyaf goludog y Gorllewin beth oedd ar ddod ac mai arnynt hwy y byddai'r bil yn disgyn fwyaf? (Gweler tud. 141.) Dyna pam y cysylltir yr holl achos Newid Hinsawdd gyda rhyw 'gynllwyn asgell chwith dieflig' (*a hoax by the Chinese* meddai Trump!). Ac wrth gwrs, i fynd i'r afael â'r Argyfwng Hinsawdd go iawn, mi fydd yn rhaid wrth bolisïau traddodiadol y chwith megis gwladoli gwasanaethau cyhoeddus. Aeth un sylwebydd o'r Unol Daleithiau, Naomi Klein, mor bell â dweud yn ddiweddar y bydd rhaid gwneud trafnidiaeth gyhoeddus yn rhad ac am ddim er mwyn torri i lawr ar geir preifat a'r gorddefnydd o'r olew sy'n eu rhedeg. Fel pob cadwyn estynedig, tydi'r dolenni pellaf oddi wrthym ddim mor hawdd i'w gweld.

Y ffenomen o wadu

Does yna ond un ffenomen yn fy nhyb i sy'n fwy diddorol, ac yn fwy arswydus ar yr un pryd, na Newid Hinsawdd – a honno ydi Gwadu Newid Hinsawdd. Cyn i Newid Hinsawdd ddod i'r amlwg fel mater brys o gonsýrn mawr i ni i gyd, roedd gwadu ffeithiau gwyddonol amlwg yn diriogaeth rhai ffwndamentalwyr crefyddol yn unig, neu'r di-addysg neu'r di-glem. Ac efallai mai dyna lle mae'r mater yn aros o hyd.

Ond pan welais giwed o adar brithion megis Donald Trump (OK, di-addysg *a* di-glem!), Nigel Lawson (cyn-Ganghellor Torïaidd y Trysorlys), a'r diweddar David Bellamy (botanegydd a chyfathrebwr o fri) yn gwadu

Newid Hinsawdd, roedd yn rhaid i mi gymryd cam yn ôl ac edrych yn y drych. Beth sy'n mynd ymlaen? O ystyried nad ydi llywodraethau o unrhyw liw hyd yma yn gwneud hanner digon i fynd i'r afael â'r cynhesu didostur, oes yna ryw elfen o'r Gwadwr ynom ni i gyd?

Beth sy'n gyrru'r fath bobl i wadu ffeithiau gwyddonol cydnabyddedig, y math o ffeithiau y maen nhw'n gwbl barod i'w derbyn pan nad ydynt yn bygwth eu byd-olwg (Trump), eu hunan les (Lawson) neu, yn achos Bellamy ... beth? Cenfigen academaidd, efallai?

Rydym wedi sylwi, mae'n siŵr, bod tuedd asgell dde 'bobleiddiol' yn rhedeg trwy'r diarddeliad o Newid Hinsawdd. Sylwais hefyd nad oes yr un Cymro amlwg y gallaf ei enwi i'w ychwanegu at y giwed uchod (calla dawo, efallai?) – ac ychydig iawn o ferched chwaith. Ai gorchest testosteron y 'Myfi-Fawr' ydi hyn, ynteu ydyn ni i gyd, yn ein hofn o anferthedd yr hunllef sydd o'n blaen, yn encilio yn ein ffyrdd ein hunain i sicrwydd diniwed glin ein mam? Mymryn o'r ddau, dybiwn i.

Diolchiadau

Mae'r cymwynasau dros y blynyddoedd, ac felly y rhesymau dros ddiolch, yn rhy fyrdd i'w henwi'n unigol a'r perygl o anghofio rhai yn rhy fawr. Dymunaf felly gydnabod yn gynnes ac yn unigol y prif ddylanwadau fu arnaf dros fy 72 o flynyddoedd: Tom Ellis Jones (athro cynradd yn y Waunfawr a'm cychwynnodd ar y daith), Alan Hobson (athro uwchradd a ddangosodd i mi'r tebygrwydd posibl rhwng pethau gwahanol), Peter Hope Jones (naturiaethwr, am fod yn eilun teilwng i lanc ifanc, ac am ddangos y pwysigrwydd o weld y gwahaniaethau rhwng pethau tebyg), Wil Jones, Croesor (cyfaill a ddangosodd gwerth iaith a bywyd yr 'hen werin' Gymreig), Wil Williams, Bodorgan (cyfaill, ac un o'r hen werin gwerthfawr hynny), Mary Vaughan Jones (cyd-bentrefwraig a 'glöyn byw' a ddaeth yn hwyr, ond nid yn rhy hwyr, i ymuno â'r sêr yn fy ffurfafen), Bruce Griffiths (am wella, gobeithio, rhywfaint ar fy Nghymraeg ail-iaith trwy ein gwaith o gasglu a bathu enwau natur), Twm Elias (a ddangosodd i mi fod stori ddifyr y tu ôl i bob ffaith), Gareth Wyn Jones (am gadw fy nhraed ar y ddaear a'm meddwl ar y Blaned), a Tony Stanford (fy mrawd yng nghyfraith, y 'cocyn hitio' a ganiataodd i mi arbrofi rhai o'm syniadau mwyaf gwyllt arno). Ac yn olaf, i Gill fy ngwraig a theulu bach Llanrug (am roi i fyny efo fy mwydro di-baid ers blynyddoedd).

Diolch hefyd i bob un a ganiataodd i mi ddefnyddio eu lluniau yn y gyfrol hon.